KB122980

수학의 언어로 한글을 만드노니

수학의 언어로 한글을 만드노니

수냐의 수상한 한글 탐험기

펴낸날 | 2018년 8월 24일

지은이 | 김용관

편집 | 김지환
디자인 | 랄랄라디자인

펴낸곳 | 도서출판 평사리 Common Life Books
펴낸이 | 홍석근
출판신고 | 제313-2004-172 (2004년 7월 1일)
주 소 | 경기도 고양시 중앙로558번길 16-16 능곡빌딩 710호
전 화 | 02-706-1970 팩 스 | 02-706-1971
전자우편 | commonlifebooks@gmail.com

ISBN 979-11-6023-240-0 (03410)

수학의 언어로 한글을 만든다니

수냐의 수상한 한글 탐험기

김용관 지음

평사리
Common Life Books

프롤로그

수학의 원리로 풀어낸 한글 창제

나는 수학짜다. 나만의 독특한 증명이나 이론을 제시하는 '수학자'는 아니다. 수학을 무척 좋아하고, 수학에 내 힘을 쏟아부으며 살아가는 수학짜다. 그런 내가 한글을 다룬 책을 쓰게 되었다. 가당키나 한 일인가 싶었다. 재미있게 공부한 것에 만족하려 했다. 그러다 계기가 되어 내가 '본' 것을 이렇게 책으로 엮어봤다.

몇 해 전에 우연히 한글을 들여다보게 되었다. 해외동포 관련 일을 하던 선배의 한마디가 계기였다. 한글의 원리나 우수성을 수학적으로 분석해보라는 제안이었다. 재미도 있고, 의미도 있겠다 싶어 내 생애 처음 한글에 주목하였다. 한글과 만남은 그렇게 시작되었다. 목적이 분명했기에, 그리 오래 걸리지 않으리라 생각하고 덤벼들었다. 그러나 그 여행은 예상보다 길어졌다. 생각지도 못했던 것들을 보게 되면서다.

나는 한글에 대해 딱히 관심을 가져본 적이 없었다. 학교 국어시간에 배웠던 것이 전부였다. 매일 한글을 잘 사용하는 마당에 굳이 한글을 들춰볼 이유가 없지 않은가! 그랬기에 한글에 대한 나의 이해는 지극히 일반적(?)이었다. "우리 글자가 없어 고통받는 백성을 불쌍하게 여긴 세종이, 한자를 대신할 글자로 한글을 만들었다. 당대 기득권 계층은 반대했으나 세종의 의지는 강력했다. 워낙 훌륭한 글자인지라 한글은 결국 우리 겨레의 글자로 자리 잡았다. 한글은 매우 과학적이며 독창적이다. 그 우수성은 세계적으로 인정받고 있다." 이 정도로 이해하면 충분하다 생각했다.

그런데 들여다보니 한글에는 논쟁거리가 많았다. '누가 만들었느냐'부터, '어떤 문자를 기원으로 하여', '어떻게 만들었느냐'까지 질문마다 다양한 주장이 제시되어 있다. 놀라웠고 당황스러웠다. 학교에서 배울 때와는 전혀 딴판이었다. 당초 보고자 했던 것들보다, 뜻밖에 보게 된 것들에 관심이 더 생겼다. 그 관심을 따라 한글의 이모저모를 살펴보고, 이런저런 주장을 검토해봤다.

한글에 대한 연구는 여전히 진행 중이다. 정확히 말하면 답보상태다. 논쟁을 종식할 역사적 자료가 발견되지 않았기 때문이다. 누가, 언제, 어떻게 만들었는지에 대한 사료가 없기에 시시비비를 가릴 수 없다. 한글에 관해 언급한 최초의 기록은 세종 25년(1443)의 『조선왕조실록』이다. 세종이 28자의 새 글자인 훈민정음을 만들었다고 짤막하게 언급되었을 뿐이다. 그 이전 과정에 대한 기록은 없고, 결과만 있을 뿐이다. 그렇기에 창제에 얽힌 문제들은 의문투성이다. 논쟁만 있을 뿐 말끔하게 해결되지 못했다.

한글 연구자도 아닌 내가 발걸음을 돌리는 것이 마땅했다. 오랫동안 한글만 연구한 분들이 풀지 못한 문제를 나 같은 사람이 어찌 해볼 도리는 없었다. 좋은 자료가 발견되거나, 훌륭한 연구 성과가 나와주기를 기대하며 돌아서는 수밖에 없었다. 그런데도 나는 그렇게 하지 못했다.

나는 오히려 한글에 더 깊이 빠져들었다. 뭔가 본 것이 있었기 때문이다. 한 점과도 같이 작지만, 분명하고 또렷한 흔적이었다. 고(go)해야 할지, 스톱(stop)해야 할지 고민스러웠다. 내 분야도 아닌 데다, 시간이 얼마나 걸릴지도 모르는 일 아닌가. 더군다나 다루는 대상은 한글이라는, 어마어마한 대상이다. 약간의 고민 끝에 결정했다. 내가 본 것이 이야기해주는 데까지만 나아가자. 거기까지만 갔다가 얼른 본업으로 돌아오자고 했다.

한글의 독창성은, 한글이 채택하는, 소리와 글자에 대한 분석이나 원리에 있지 않다. 한글이 그토록 쉽고 편리한 문자가 될 수 있게 한 것은 '체계'다. 그 체계를 골격으로 각종 요소와 원리가 조합되었기에 한글은 그토록 쉽고도 편리하다. 그 체계는 한글 이전의 어느 문자에서도 없었다. 따라서 한글 창제를 다루려거든 한글의 체계를 다뤄야 한다. 한글의 체계에 주목하자는 것이 이 글의 일차적 메시지다.

그리고 나는 한글의 체계를 통해 몇 가지를 추론할 수 있었다. "한글을 만든 이는, 세종 혼자가 아니라 '세종들'이었다. 한글은 위대한 개인의 창작품이 아니라 여러 사람의 협력에 의한 합작품이었다. 게다가 한글은 한자와 긴밀한 관계 속에서 창제되었다. 한글은 한자의 어깨 위에서, 한자를 염두해서 만들어졌다." 체계를 통해 얻은 이런 추론이 이 글의 이차적 메시지다.

이 글은 한글의 독창적 면모로서의 '체계'와 그 체계가 말해주는 '추론'을 설명하고자 한다. 사실 추론에 해당하는 내용 자체는 독창적이지 않다. 이미 그런 주장은 제기되었다. 이 글의 독창적 면모는 추론보다 추론에 이르는 과정에 있다. 독자 여러분이 주로 그 차이에 주목하면서 읽어주기를 바란다.

나의 주장은 역사적 사실을 통해 도달한 결론이 아니다. 남겨진 결과물인 한글을 분석하고 논리적으로 추론해서 도달한 결론이다. 그 결론대로 역사가 진행되었는지 여부는 다른 차원에서 살펴봐야 할 문제다. 그 문제는 애정을 갖고 한글을 연구해오신 분들의 몫이 아닐까 한다.

이 글은 평사리의 홍석근 대표의 지지에 크게 힘입었다. 그는 한글 전문가가 아닌 나의 이야기에 귀 기울여주었고, 나의 의도를 충분히 이해해주었다. 지탄받을지도 모르는데, 그 위험을 감수하며 책을 출판해줬다. 글의 포인트를 잡아 깔끔하게 편집해준 김지환 편집자에게도 감사드린다. 독자 여러분에게 한글을 다시, 새롭게, 깊게 볼 수 있는 계기가 될 수 있기를 감히 바란다.

2018년 8월

수학짜 김용관

| 차례 |

1부

『훈민정음』의 독특한 체계

1장

한글의 과학을, 수학으로 엄밀하게!

역사적 데이터를 잘 해석하자

과학은 관측 가능한 데이터를 기반으로 한다. 소설을 쓰더라도 관측된 데이터를 갖고 써야 하는 것이 과학의 불문율이다. 데이터가 말해주는 것까지만 말하는 것이 과학적 태도다. 제아무리 아름답고 우아한 이론도 데이터를 통해 검증되어야 과학이다.

한글의 과학을 위해서 가장 중요한 것은 역사적 데이터다. 기록과 흔적이다. 가능한 한 역사적 자료를 확보해야 한다. 그러나 우리가 원한다고 해서 역사적 데이터를 얻을 수 있는 것은 아니다. 그것은 역사의 재량이다. 역사가 우리에게 아량을 베풀어주기만을 바랄 뿐이다.

우리가 그나마 할 수 있는 것은 데이터의 해석이다. 데이터가 부족한 만큼, 과학을 완성하려면 데이터를 잘 들여다봐야 한다. 데이터를 잘 분석하고 다양한 방식으로 해석할 수 있어야 한다. 게다가 상상력이라고 할 정도의 아이디어까지 동원해야 한다. 그러면서 그 아이디어가 신화로 흘러가지 않게 점검하고 확인하는 꼼꼼함 또한 필요하다. 기발한 아이디어라는 원심력과, 엄밀함이라는 구심력이 균형을 이뤄야 한다. 그러려면 뭔가의 도움을 받는 것이 좋겠다.

수학을 동원해, 엄밀하게 추론을!

수학적 사고의 도움이 필요하다. 수학만큼 아이디어가 풍부하고, 수학만큼 엄밀하고 꼼꼼한 분야는 없지 않은가! 사실 과학과 수학은 다르다. 보통 과학과 수학을 비슷하다고 생각하는 경향이 있다. 과학도 수식이나 계산을 주로 사용하기에 비슷하다고 생각하지만, 둘 사이에는 엄연한 차이가 있다.

과학은 대상을 따라 생각한다. 과학에는 탐구의 대상이 존재한다. 물리적 세계가 과학의 대상이다. 그 세계의 규칙과 법칙을 탐구하는 것이 과학이다. 상상력이라고 하더라도 그 대상의 규칙을 파악하기 위해 발휘된다.

반면에 수학에는 탐구하고자 하는 물리적 대상이 없다. 아이디어 자체를 대상으로 한다. 그 아이디어가 물리적 대상에 연결되기도 하고, 아이디어 자체로 존재하기도 한다. 그렇기에 수학에는 상상력의 한계가 없다. 그러면서도 수학에는 엄밀한 규칙이 있다. 비약과 과장이 있어서는 안 되며, 모든 과정은 논리를 따라야 한다.

한글의 과학을 완성하는 데 수학은 매우 유용하다. 데이터를 충분히 해석할 수 있는 아이디어를 발휘하는데, 그 아이디어가 논리를 벗어나지 않게 붙잡아두는 데 제격이다. 이 부분을 굳이 수학이라는 용어로 구별하는 것은, 그 과정의 중요성을 강조하기 위해서다.

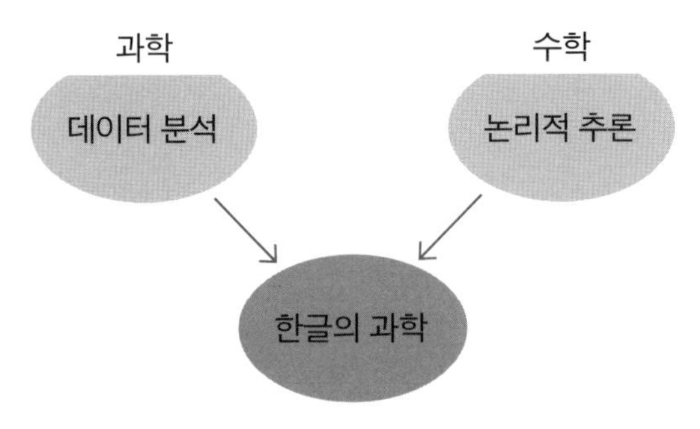

우리는 과학과 수학을 동원해 한글을 탐구할 것이다. 우리에게 남겨진 증거를 과학적으로 분석하고, 수학적으로 엄밀하게 추론해 보겠다.

잘 분석하면, 창제 과정이 보인다

창제 과정을 밝혀줄 물증은 턱없이 부족하다. 그렇기에 과거와 과거의 흔적에서 결과물인 한글을 이끌어낼 수는 없다. 시간 순서대로 사건을 진행시키며 창제 과정을 밝혀가기는 어렵다. 다른 방법이 필요하다. 우리는 결과에서 창제 과정을 유추할 것이다. 거꾸로 돌려보는 영화처럼 거슬러 올라갈 것이다. 어떻게 하겠다는 것인지 소금물을 예로 들어 설명하겠다.

소금물은 하나의 순물질처럼 보일 수도 있으나 그렇지 않다. 열을 가하면 소금물은 소금과 물로 분리된다. 소금물은 2개의 요소로 구성되어 있다. 그런데 전기적으로 분해하면 물은 다시 수소와 산

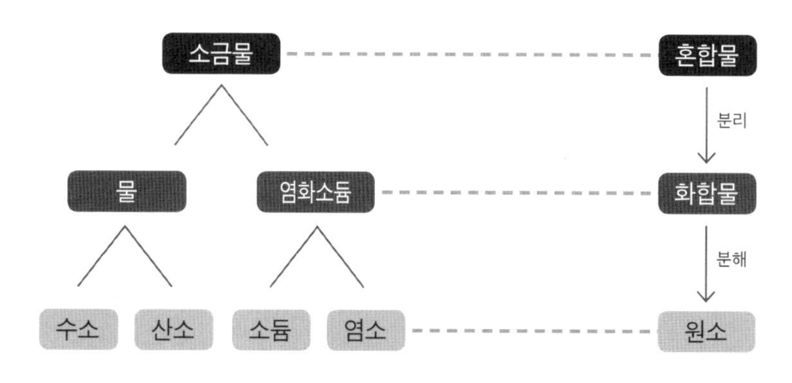

소금물의 분리와 분해

소로, 소금은 소듐과 염소로 더 쪼개진다. 이렇게 소금물을 구성하는 요소는 네 가지다. 요소를 알았으니 만드는 과정을 더욱 세밀하게 설명할 수 있다. 분석 능력에 따라 분석의 결과는 달라지고, 그 결과에 따라 만드는 과정에 대한 이해도 달라진다.

한글을 소금물처럼 분석해볼 것이다. 그렇게 함으로써 우리는 한글의 구성요소가 무엇인지 알게 된다. 그리고 그 요소를 잘 결합하면 창제 과정을 재현할 수도 있다. 분석이 세밀할수록 창제 과정에 대한 시나리오는 더 정밀해진다.

주의할 점이 있다. 구성요소는 보이는 것만이 전부가 아니다. 소금물은 혼합물이기에 보이는 요소인 소금과 물만 섞으면 된다. 보이는 것이 구성요소의 전부다. 그렇지만 산소와 수소가 결합된 물이나, 소듐과 염소가 결합된 소금 같은 화합물은 그렇지 않다. 화합물은 요소를 섞어놓는다고 저절로 만들어지지 않는다. 전기적 힘이나 에너지처럼 보이지 않는 요소가 가미되어야 한다. 우리는 그런 요소까지 파악해야 한다.

한글의 구성요소를 잘 보면, 우리는 한글이 얼마나 독창적인지도 알 수 있다. 만약 한글의 요소가 이전 문자들에 다 있던 것이라면, 한글은 이전 문자들의 혼합물일 뿐이다. 그리 독창적인 문자라고 할 수 없다. 재료와 소스를 '잘' 선택해, '잘' 섞은 비빔밥 정도에 해당한다. 그러나 한글만의 독특한 요소가 발견된다면, 한글은 이전 문자와 다른 문자라고 볼 수 있다. 한글 창제자에 의해 가미된 독창적 요소가 있는 것이다. 그런 요소가 있는지 예리한 눈으로 찾아내야 한다.

2장

▲

톺아보기와 견주기

첫 작업은, 한글의 분석이다. 우리가 분석할 대상은 『훈민정음』이다. 한글의 창제자들이, 한글에 대해, 그것도 당대에 설명해놓은 책이지 않은가! 『훈민정음』을 통해 한글을 기막히게 분석해보자.

훈민정음의 해설서, 『훈민정음』

'훈민정음'은 한글의 당시 이름이기도 했다. 백성[民]을 가르치는[訓] 바른[正] 소리[音]라는 뜻이다. 줄여서 '정음'이라고 한다. 세종은 한글을 만들어놓기만 한 것이 아니다. 신하들에게 명하여 글자의 사용법, 원리 등을 조목조목 설명하게 했다. 그것이 한글의 매뉴얼인 『훈민정음』이다.

『훈민정음』은 1446년 9월에 반포되었다. 세종이 한글 창제를 선언한 1443년 12월에서 대략 3년이 지났을 때다. 1444년 2월에 세종은 정인지, 신숙주, 성삼문, 최항, 박팽년, 강희안, 이개, 이선로 같은 집현전 학사들에게 명하여 만들게 했다.

『훈민정음』은 여러 개의 버전이 있다. 1446년에 발간된 것이 첫 버전인데 한자로 쓰여 있다. 해례본(解例本)이다. 보기[例]를 들어서 훈민정음을 설명[解]해놓은 책이라는 뜻이다. 해례본을 한글로 다시 풀이해놓은 것이 언해본(諺解本)이다. 훈민정음을 지칭하는 단어 중 하나가 언문인데, 훈민정음을 언문[諺]으로 풀어[解]놓은 책이라는 뜻이다. 언해본은 세종이 죽은 뒤 세조 5년인 1459년에 발간됐다. 이것은 단행본이 아니라 『월인석보』에 실렸으며, 세종어제훈민정음(世宗御製訓民正音)이라고 하였다. 또 하나의 버전은 실록본이다. 『세종실록』에 기록되어 있는데, 1454년에 처음 만들어진 원본은 전해지지 않고 있다. 1606년에 출판된 것과 기존 실록본을 필사하고 보충하여 1666년에 출판된 것이 있다.*

해례본은 네 부분으로 구성되어 있다. 「세종의 서문」, 「예의」, 「해례」, 「정인지의 서문」이다. 「세종의 서문」과 「예의」는 세종이 직접 썼다. 한글을 만든 배경과 목적을 간략하게 설명한 서문과 한글

* 김주원, 「훈민정음 실록본 연구」, 《한글》 제302호(2013.12), 277~309쪽.

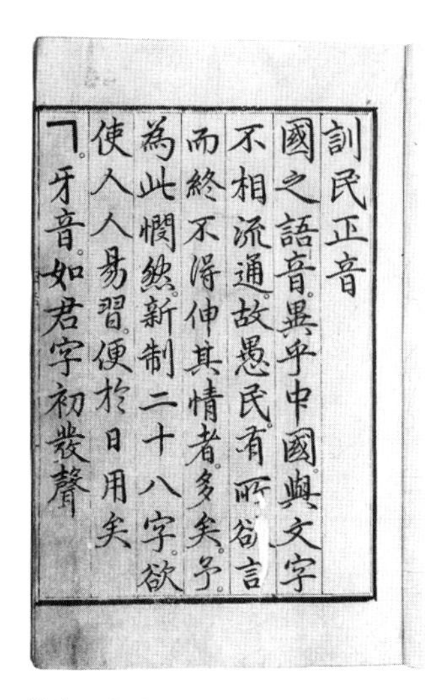
訓民正音
國之語音異乎中國與文字
不相流通故愚民有所欲言
而終不得伸其情者多矣予
為此憫然新制二十八字欲
使人人易習便於日用矣
ㄱ牙音如君字初發聲

「세종의 서문」

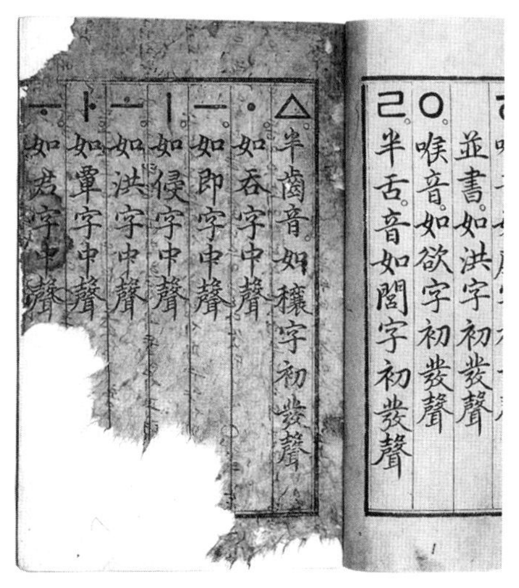
並書如洪字初發聲
ㅇ喉音如欲字初發聲
ㄹ半舌音如閭字初發聲
△半齒音如穰字初發聲
·如呑字中聲
ㅡ如即字中聲
ㅣ如侵字中聲
ㅗ如洪字中聲
ㅏ如覃字中聲
ㅜ如君字中聲

「예의」

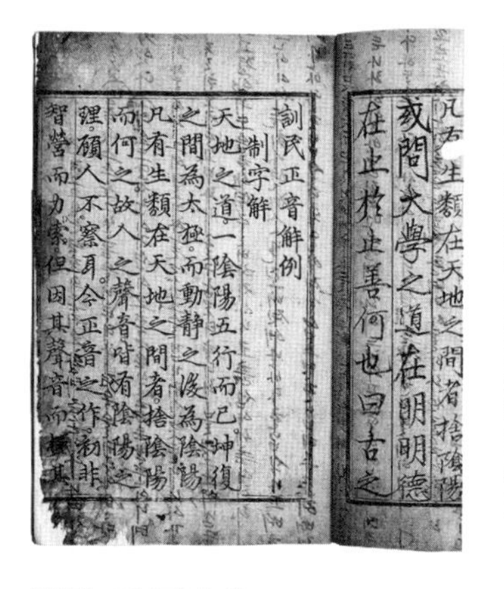
訓民正音解例
制字解
天地之道一陰陽五行而已坤復
之間為太極而動靜之後為陰陽
凡有生類在天地之間者捨陰陽
而何之故人之聲音皆有陰陽之
理顧人不察耳今正音之作初非
智營而力索但因其聲音而極其

「해례」의 〈제자해〉

「해례」의 〈용자해〉

『훈민정음』 해례본 (문화재청)

28자를 소개한 본문이 있다. 「해례」는 집현전 학자들이 한글의 사용법과 원리를 자세하게 설명한다. 「정인지의 서문」은 「해례」의 서문 격으로 정인지가 썼다. 세종과 신하의 지위를 고려해 「예의」와 「해례」는 구분되어 있다. 글자의 크기도 다르다. 「예의」의 글자가 「해례」보다 더 크다. 언해본과 실록본에는 「해례」 부분이 없다. 한글을 자세히 보기 위해서는 해례본을 살펴봐야 한다.

「세종의 서문」: 한글 창제의 배경과 목적.
「예의」: 한글의 자음과 모음 소개, 사용법 간략하게 설명.
「해례」: 「예의」의 내용을 자세히 해설하고 예를 들어 설명. 〈제자해〉, 〈초성해〉, 〈중성해〉, 〈종성해〉, 〈합자해〉, 〈용자례〉.
「정인지의 서문」: 한글의 창제자와 창제 이유, 우수성, 해례본의 편찬자 언급.

「세종의 서문」

한글을 만든 그 세종이, 한글에 대해 남겨놓은 유일한 기록이다. 찬찬이 또박또박 소리 내서 읽어보자.

훈민정음

나랏말이 중국과 달라 한자(漢字)와 서로 통하지 아니하므로, 우매한 백성들이 말하고 싶은 것이 있어도 마침내 제 뜻을 잘 표현하지 못하는 사람이 많다. 내 이를 딱하게 여기어 새로 28자(字)를 만들었으니, 사람들로 하여금 쉬 익히어 날마다 쓰는 데 편하게 할 뿐이다.

세종은 백성들을 딱히 여기셨다. 조선의 말이 중국과 달라 하고픈 말이 있어도 제대로 표현하지 못했기 때문이다. 그 불편함을 씻어주기 위해서 한글을 만드셨다. 사람들이 쉽게 익혀 매일매일 쓰기 편하게 하려는 목적에서였다. 백성을 위하는 세종의 마음이 고스란히 담겨 있다.

「예의」

「예의」에서는 28개의 글자가 하나씩 소개된다. 'ㄱ, ㅋ, ㆁ, ㄷ, ㅌ, ㄴ, ㅂ, ㅍ, ㅁ, ㅈ, ㅊ, ㅅ, ㆆ, ㅎ, ㅇ, ㄹ, ㅿ, ㆍ, ㅡ, ㅣ, ㅗ, ㅏ, ㅜ, ㅓ, ㅛ, ㅑ, ㅠ, ㅕ'의 순서다. 지금으로 치면 자음과 모음이다. 자음이 먼저, 모음이 나중에 소개된다. 여기서는 첫소리란 뜻의 초성, 가운뎃소리라는 뜻의 중성이라고 했다.

각 글자가 소개되는 방식은 동일하다. 글자의 모양이 나오고, 그 글자가 어떤 한자의 첫소리 또는 가운뎃소리와 같은지 설명한다. 새롭게 만들어진 글자이기에, 기존의 한자 중에서 소리가 같은 글자를 골라서 새 글자가 나타내는 소리를 알도록 했다. ㄱ이라는 글자는 군(君)자의 처음 소리와 같다는 식이다. 초성에 사용되는 자음의 경우에는 어느 발음기관에서 나는 소리인가를 더 설명했다.

> ㄱ은 아음(牙音, 어금닛소리)이니 군(君)자의 첫 발성(發聲)과 같은데 가로 나란히 붙여 쓰면
> ㄲ(虯)자의 첫 발성(發聲)과 같고,
> ㅋ은 아음(牙音)이니 쾌(快)자의 첫 발성과 같고,
> ㆁ은 아음(牙音)이니 업(業)자의 첫 발성과 같고,
>
> ㆍ은 탄(呑)자의 중성(中聲)과 같고,
> ㅡ는 즉(卽)자의 중성과 같고,
> ㅣ는 침(侵)자의 중성과 같고,

최소로 최대의 효과를!

「예의」는 한자를 최소한으로 사용했다. 28개의 글자 각각에 굳이 다른 한자를 사용하지 않았다. 한자 하나로 여기저기 사용해, 예로

든 한자를 최소한으로 줄였다. 한자 하나로 초성에서도 사용하고 중성에서도 사용했다. ㄱ을 소개하려고 사용한 한자는 군(君)이었다. 그런데 이 君자는 중성인 ㅜ를 소개하는 한자로도 사용되었다. •를 소개하는 한자로 사용된 탄(呑)자는 ㅌ을 소개하는 한자로 사용되었다. 최소의 한자로 최대의 효과를 노렸다. 치밀하게 계산하여 한자를 선택했다. 발음이 명확하고, 친숙한 한자를 골랐을 것이다.

자음은 일곱 그룹으로 나뉘어 있다. 아음(어금닛소리), 설음(혓소리), 순음(입술소리), 치음(잇소리), 후음(목구멍소리), 반설음(반혓소리), 반치음(반잇소리). 발음기관에 따른 분류다. 반혓소리를 혓소리에, 반잇소리를 잇소리에 포함시키면 크게 다섯 가지다. 「예의」에서 중성 모음의 구분 기준과 순서에 대한 언급은 없다.

초성과 중성을 소개한 후 종성을 언급한다. 종성은 초성을 다시 쓴다[終聲復用初聲]. 종성 글자를 별도로 만들지 않았다. 초성 글자를 종성 글자 그대로 쓴다. 초성과 중성을 표기하는 글자로 초성, 중성, 종성을 모두 표기한다. 이렇게 최소로 최대의 효과를 노렸다. 한글은 초성, 중성, 종성을 표기하기 하는 소리글자다. 그러나 한글이 소리글자라는 직접적인 언급은 없다.

한글 ⇨ 초성, 중성, 종성을 표기한다 ⇨ 초성과 종성은 자음 17자로 중성은 모음 11자로

초성, 중성, 종성이 합하여 하나의 소리가 된다.

28개의 글자만으로 어떻게 무수히 많은 소리를 표기할 수 있을까? 뜻글자인 한자에서는 상상할 수 없다. 그 비결이 무엇인지는 곧바로 제시되는데, 하나로 요약된다.

무릇 글자란 반드시 아울러[合] 써야만 하나의 소리를 이룬다[凡字必合而成音]*. 여기서의 글자란 앞에서 언급된 초성, 중성, 종성 글자다. 이 세 글자가 합쳐져서 하나의 소리를 이룬다. '산'이라는 소리는 'ㅅ, ㅏ, ㄴ'글자가 합쳐졌다. 초성 ㅅ, 중성 ㅏ, 종성 ㄴ을 '음소'라 하고, 이 음소가 결합해 만들어진 소리인 '산'을 '음절'이라고 한다. 한글은 음절 하나를 음소 셋으로 나눴고, 한글 28자는 각 음소를 나타낸다. 소리를 그만큼 정밀하게 분석했다. 중국의 경우는 초성과 초성을 제외한 나머지, 이렇게 두 개로 구분하는 게 일반적이었다. '강=ㄱ+ㆁ'.

음절 = 초성+중성+종성

* 강신항, 『훈민정음연구』(성균관대학교출판부, 2011), 128쪽.

글자를 합쳐 소리를 만들어가는 원리로 28자 이외의 글자도 만들어낸다. '몫'이나 '괜히'와 같은 단어에서 볼 수 있는 복잡한 자음과 모음을 만들어낼 수 있다. 그러나 「예의」에서 그 상세한 내막이 설명되지는 않는다. 그런 글자의 한 종류가 소개되어 있을 뿐이다. 같은 자음을 나란히 써 만들어진 글자 6개다. ㄲ, ㄸ, ㅃ, ㅉ, ㅆ, ㆅ. 이 6개의 글자는 28자에 포함되지 않았지만, 「예의」에서 그 이외의 글자로 유일하게 선보인 글자다.

「예의」는 『훈민정음』의 총론이다. 소리를 만드는 방법, 소리를 표기하기 위한 글자를 간략하게 보여준다. 설명 내용은 잘 구분되어 있고, 간단명료하다. 복잡하지 않게 중복을 피했다. 한글이 분석과 종합의 방법을 이용했다는 점을 보여준다. 그러나 「예의」만으로 한글을 충분히 익히기는 어렵다. 상세한 설명이 뒤따라야 한다. 좀 더 풀어주고, 예를 보여줘야 한다. 그 역할이 「해례」의 몫이다.

「해례」

해례는 여섯 부분으로 나뉘어져 있다. 맨 처음 부분은 글자의 모양이나 용법에 관한 것이 아니다. 한글의 철학적 원리를 설명한다. 자음과 모음이 어떤 원리를 근거로 만들어졌는가를 먼저 제시한다. 글자[字]가 만들어진[制] 방법을 설명[解]한 〈제자해(制字解)〉다.

한글은 실용적으로만, 기술적으로만 만들어진 게 아니다. 심오한 철학을 바탕으로 한다.

이후 초성글자, 중성글자, 종성글자를 각각 설명하는 〈초성해〉, 〈중성해〉, 〈종성해〉가 등장한다. 그리고는 세 글자[字]를 합쳐[合] 소리를 만드는 〈합자해〉가 이어진다. 마지막은 〈용자례〉다. 글자[字] 사용[用]하는 방법을 구체적으로 제시한다. 〈용자례〉를 제외한 5개 부분은 맨 끝에 7언시로 각 부분의 내용을 다시 요약해 준다.

한글은 음양오행에서 만들어졌다

천지자연의 원리는 오직 음양오행일 뿐이다[天地之道 一陰陽五行而已]. 〈제자해〉의 첫 부분이자 선언이다. 천지자연의 모든 일이 음양오행에서 나왔다면, 글자를 만드는 것 또한 음양오행에서 나오지 않았겠는가! 한글은 다른 기원이나 유래, 원리로 만들어지지 않았다. 오직 음양오행이다. 〈제자해〉는 사람의 소리에도 다 음양의 이치가 있는데, 사람이 살피지 못했다고 한다. 정음(正音), 즉 한글은 애써서 만들어낸 게 아니다. 성음(聲音)을 따라서 그 이치를 다한 것뿐이다.

음양오행과 한글. 좀 뜬금없는 연결이다. 소리나 글자에 관한 이론이 아니다. 분명 한글을 만들 때 참고했을 이론이나 자료는 있었을 것이다. 그러나 〈제자해〉는 한글의 출발점이 음양오행이라는 철학이라고 분명히 말한다. 음양오행은 조선의 철학이었던 성리학에서 중요한 키워드였다. 성리학과 한글을 연결하려는 의도가 엿보인다. 이 음양오행의 원리가 어떻게 적용되었는지는 그다음부터 등장한다.

발음기관을 본뜬 자음

한글은 모양을 본떠서 만들어졌다. 자음은 발음기관의 모양을 본떴다. ㄱ은 혀뿌리가 목구멍을 닫는 모양을, ㄴ은 혀가 윗잇몸에 붙는 모양을, ㅁ은 입모양을, ㅅ은 이의 모양을, ㅇ은 목구멍의 모양을 본떴다. 이 글자가 자음의 기본자다. 나머지 자음은 세기에 따라 획을 더하는 가획의 원리가 적용된다.

ㄱ ⇨ ㅋ

ㄴ ⇨ ㄷ ⇨ ㅌ

ㅁ ⇨ ㅂ ⇨ ㅍ

ㅅ ⇨ ㅈ ⇨ ㅊ

ㅇ ⇨ ㆆ ⇨ ㅎ

기본 글자는 5개, 기본 글자에 획을 더해 만들어진 글자가 9개다. 여기에 모양이 다른 글자 ㆁ, ㄹ, ㅿ 세 글자가 추가된다. 그래서 총 17개의 자음이다. 자음은 발음기관에 따라 5개 그룹으로 묶인다. 각 그룹의 글자들은 다시 맑고 탁함의 정도에 따라 분류된다. 전청, 차청, 불청불탁, 전탁이다. 전청(全淸)은 아주 맑은소리, 차청(次淸)은 다음으로 맑은소리, 불청불탁(不淸不濁)은 맑지도 탁하지도 않은 소리, 전탁(全濁)은 아주 탁한소리다.

초성 자음은 오음(五音)이다. 아, 설, 순, 치, 후 다섯이다. 오행의 가짓수와 동일하다. 음양오행과 연결될 법하다. 실제로도 그렇다. 〈제자해〉에서는 5개의 소리들을 5개의 음, 5개의 방위, 5개의 수와 연결한다. 오행과 연결함으로써 음양오행을 바탕으로 했다는 말이 진짜라는 것을 낱낱이 보여준다. 자음은 음양오행을 통해서 만들어졌다!

하늘, 땅, 사람을 본뜬 모음

모음도 모양을 본떠서 만들었다. •는 둥근 하늘을 본뜬 것으로, 이 글자가 가장 먼저 만들어졌다. ㅡ는 평평한 땅을 본떴다. 두 번째로 만들어졌다. 세 번째로 만들어진 글자가 ㅣ인데, 서 있는 사람을 본뜬 글자다. 이 세 글자가 모음의 기본 글자다. 나머지 모음은 세 글자를 합하여 만들어진다. ㅡ, ㅣ에 •를 더하여 처음 만들어진 모음이 ㅗ, ㅏ, ㅜ, ㅓ 4개다. 처음[初] 만들어졌다[出] 하여 초출자(初出字)다. 그 글자를 'ㅣ'와 다시 결합하여 만들어진 글자가 ㅛ, ㅑ, ㅠ, ㅕ 4개다. 다시[再] 만들어진[出] 글자라 하여 재출자(再出字)다. 그래서 총 11개의 모음이 있다.

기본자 • ㅡ ㅣ
초출자 ㅗ ㅏ ㅜ ㅓ
재출자 ㅛ ㅑ ㅠ ㅕ

모음의 기본 글자는 하늘(천), 땅(지), 사람(인) 즉 삼재(三才)에서 만들어졌다. 삼재란 중국의 고대 사상에서 이 세계를 구성하는 세 가지 요소다. 음양오행과 같은 철학적 바탕 위에 있다. 보통 하늘은 양, 땅은 음으로 상징되듯 음양과 연결도 엿볼 수 있다. 음양오행과 모음의 관계를 직접적으로 보여주는 단어도 등장한다. 양의(兩儀)라는 말이다. 양의란 음양오행의 음과 양을 말한다. 이 원리를 하늘과 땅, 사람과 결부해 설명한다.

ㅗ, ㅏ, ㅛ, ㅑ의 •가 위와 밖으로 놓인 것은 그것이 하늘에서 생겨나서 양이 되기 때문이다. ㅜ, ㅓ, ㅠ, ㅕ의 •가 아래와 안쪽에 놓인 것은 그것이 땅에서 생겨나서 음이 되기 때문이다. •가 여덟 소리를 꿴

것은 양이 음을 거느리고 만물에 두루 흐름과 같다. ㅛ, ㅑ, ㅠ, ㅕ가 모두 사람을 겸함은, 사람이 만물의 영장으로 능히 양의에 참여할 수 있기 때문이다. 하늘 · 땅 · 사람에서 본을 떠 삼재의 이치가 갖추어지게 되었으나, 삼재가 만물의 우선이 되되 하늘이 또 삼재의 시초가 되는 것과 같이, •, ㅡ, ㅣ 석 자가 여덟 소리의 우두머리가 되되, 또한 •자가 석 자의 으뜸이 됨과 같다.*

음양과 연결한 후에는 각 모음을 1부터 10까지의 수 그리고 동서남북의 방위와 연결한다. 목, 화, 수, 금, 토의 오행과도 연결한다. 음양오행을 토대로 했다는 선언을 철학적으로 설명하며 마무리 짓는다.

방위	오행	생生	위位	성成	수數
북北	수水	천天	일一, ㅗ	지地	육六, ㅠ
남南	화火	지地	이二, ㅜ	천天	칠七, ㅛ
동東	목木	천天	삼三, ㅏ	지地	팔八, ㅕ
서西	금金	지地	사四, ㅓ	천天	구九, ㅑ
중中	토土	천天	오五, •	지地	십十, ㅡ

종성의 제자 원리에 대한 별도의 설명은 없다. 초성을 다시 쓰므로, 초성에 대한 설명을 참고하면 된다. 대신 초성을 종성으로 다시

* 강신항, 『훈민정음연구』(성균관대학교출판부, 2011), 142쪽.

쓰는 이 과정이 어떤 의미인지를 철학적으로 설명한다. 돌고 돌아 다시 시작하는 만물의 이치를 반영한다. 겨울에서 다시 봄으로 돌아가듯 초성은 다시 종성으로 쓰인다. 이토록 오묘한 이치를 담은 글자인 한글은 하늘이 세종의 마음을 열어 빌려주신 것이다. 한 인간의 기개로 만들어진 것이 아니라 하늘이 내린 문자임을 칭송한다. 이후 7언시로 내용을 요약하며 〈제자해〉는 끝난다.

〈합자해〉, 글자를 합하여 소리를 만든다

〈제자해〉 이후에는 초성, 중성, 종성을 보다 상세하게 설명하는 〈초성해〉, 〈중성해〉, 〈종성해〉가 이어진다. 「예의」와 〈제자해〉에서 언급한 것을 조금 더 상세하게 설명한다. 그다음에는 글자를 합하는 과정을 설명하는 〈합자해〉다. 〈합자해〉를 통해 비로소 소리가 어떻게 만들어지는지가 설명된다. 쪼개지고 흩어져 있던 글자는 서로 결합하여 온전한 소리를 만들어낸다.

초성, 중성, 종성을 가지고 소리를 만들어내는 원리는 어울려 쓰는 것이다[初中終三聲, 合而成字]. 어울려 쓴다는 것은 크게 두 가지 의미다. 첫째는 초성과 중성, 종성 세 소리를 합쳐서 하나의 글자를 만드는 것이다. '군', '탄'과 같이 말이다. 이때 주의할 점은 중성과 종성의 위치다. 'ㆍ, ㅡ, ㅗ, ㅜ, ㅛ, ㅠ'의 경우는 초성의 아래에, 'ㅣ,

ㅏ, ㅑ, ㅓ, ㅕ'의 경우는 초성의 오른쪽에 쓴다. 종성은 그 아래에 쓴다. 이런 배치를 통해 글자의 전체적인 모양은 네모꼴이 된다.

어울려 쓰는 두 번째 용법은 복잡한 자음과 모음을 만들어내는 것이다. 자음 17자와 모음 11자만으로 모든 자음과 모음의 소리를 표기할 수는 없다. 28자는 말 그대로 기본적인 소리를 옮기는 글자다. 하지만 그 글자만 있으면 더 복잡한 소리를 나타낼 수 있다. 어울려 쓰면 된다. 자음이나 모음을 2개, 3개 이어서 쓰면 된다. 〈합자해〉에서는 그런 예를 보여준다. ㅼ, ㅶ, ㅴ, ㅙ.

〈합자해〉에서는 당대의 언어 환경을 고려해 부가적 사항도 언급했다. 평·상·거·입의 사성도 설명하였다. 한자와 한글을 섞어 쓸 때나, 아이들 말이나 변두리 시골말에 대비해 글자를 어울려 쓰는 것을 말하기도 한다.

〈용자례〉는 초성, 중성, 종성으로 자음과 모음이 사용되는 사례를 나열한다. 그렇게 『훈민정음』의 「해례」는 끝난다. 남은 것은 「정인지의 서문」이다.

「정인지의 서문」, 어리석은 이도 열흘이면 배울 수 있는 한글

정인지(1396~1478)는 세종보다 1년 먼저 태어나 세종의 부친인 태종 때 문과에 급제해 세종 이후 성종 때까지 활동한 문신이었다. 성리학에도 조예가 깊었고, 한글과 용비어천가를 만드는 작업에도 참여하였다. 세종 6년인 1424년에 집현전에 선발되었고, 1425년에는 집현전 직제학에 승진하였다. 『훈민정음』 해례본을 만드는 작업에 참여에 서문을 남겼다. 신하의 입장에서 본 한글을 설명하였다.

정인지는 첫 부분에서 한글을 만들 수밖에 없었던 사정을 말한다. 소리가 있으면 글이 있게 마련이다. 당대에 사용되던 한자가 바로 그런 글자였다. 조선과 같은 중국 이외의 민족들은 그 한자를 빌어서 표해야 했다. 그러나 한자로는 일상의 언어를 적는 데 만분의 일 만큼도 역할을 하지 못했다. 풍토가 다르고 기운이 달랐기 때문이다. 그는 이런 불일치를, 둥근 구멍에 모난 자루를 낀 것과 같다고 표현했다. 참 적절한 비유다.

정인지는 세종께서 정음 28자를 창제한 후 예의를 들어 보이시고, 훈민정음이라는 이름까지 지으셨다고 한다. 글자의 배경과 원리도 말한다. 상형해서 만들었고, 글자의 모양은 중국의 고전을 본떴고, 소리의 원리를 바탕으로 하였고, 삼재의 뜻과 이기의 묘가 다 포함되었다고 했다. 중국과 성리학의 전통에 입각한 글자라는 점을 강조한다.

신하인 정인지는 한글의 무궁무진한 전환 능력을 칭송한다. 28자를 갖고도 한자음의 청탁을 구별할 수 있다. 악가의 율려가 고르게 되고, 쓰는 데 부족함이 없다. 심지어는 바람소리, 학의 울음, 닭의 홰치며 우는 소리, 개 짖는 소리라도 다 적을 수 있다고 했다. 게다가 한글은 배우기 너무 쉬웠다. 슬기로운 사람은 하루아침이 지나기 전에, 어리석은 이도 열흘이면 배울 수 있을 정도다. 최고의 글자임을 증거하며 자랑한다.

그러나 정인지는 한글 창제의 공을 세종에게 돌리지 않는다. 한글은 어떤 선인의 설을 이어받아 지어지지 않았다. 하늘이 세종을 기다려 내신 자연스러운 업적이다. 인위적으로, 사적인 노력으로 이뤄지지 않았다. 하늘의 지극한 원리가 있어서 가능했다. 음양오행의 이치에 따른 일이었다고, 두 손 모아 머리 숙이며 서문을 마친다.

한글의 구성요소

『훈민정음』을 간략하게 살펴봤다. 한글의 주요한 특징을 정리하면 다음과 같다.

- 소리를 나타내는 소리글자다.
- 소리를 초성, 중성, 종성 3개로 구분한다.
- 종성으로는 초성을 다시 쓴다.
- 한글의 음소는 초성으로 사용되는 자음 17개, 중성으로 사용

되는 모음 11개다.

- 기본자는 8개(자음 5개, 모음 3개)이고 기본자로부터 나머지 20개의 글자를 만들었다.
- 기본자는 모양을 본떠서 만들었고, 나머지 글자는 규칙에 따라 만들어졌다.
- 초성, 중성, 종성을 합쳐서 하나의 소리인 음절을 만든다.
- 글자는 동그라미와 직선과 같은 기하학적 모양이다.
- 음절 하나의 글자 모양은 네모꼴이다.

우리 눈에 뚜렷하게 보이는 한글의 구성요소다. 이 요소들이 결합해 소리와 글자를 만들어낸다. 한글의 요소를 알아냈으니 기존의 문자와 비교해보자. 이 비교를 통해 한글만의 독특한 요소가 무엇인지 알아보자.

견주기 – 한글 이전의 문자들

세종 대에는 이미 여러 나라의 말과 문자가 소개되어 있었다. 조선의 외교정책은 사대교린이었다. 명나라 같은 큰 나라는 섬기고, 이웃나라와는 사귄다는 뜻이다. 조선은 명나라뿐만 아니라 다른 나라와 관계도 원만하게 유지했다. 외교관계를 유지하려면 다른 나라의 말을 알고 이해해야 했다. 중국어뿐만 아니라 이웃 나라의 말도 익혀야 했다. 이런 필요성에 따라 고려는 통문청을 두었다. 여기서는 중국어를 교육했다. 조선은 1393년에 사역원을 설치했다. 이곳에서 교육한 외국어는 크게 4개였는데 중국어, 몽고어, 일본어, 여진어다.

세종은 중국의 성리학을 국가 통치의 기본 철학으로 삼았으니 중국말과 한자에도 능통했을 것이다. 세종은 몽골어도 잘 알았다. 몽골문자인 파스파문자를 시험봤다는 기록도 있다. 몽골문자에는 파스파문자 이전에 위그르 문자도 있었다. 그런데 세종 대에는 위구르문자인 위을진만 익히고, 파스파문자인 첩아월진을 익힌 사람은 적었다. 파스파문자보다 위그르문자가 실제로 더 많이 쓰였기 때문이다. 그래서 인재를 뽑을 때 파스파문자까지 시험을 보자고 했다.

> 몽고자학(蒙古字學)이 두 개의 모양이 있으니, 첫째는 위올진이요, 둘째는 첩아월진이라 합니다. 전의 조서(詔書)와 인서(印書)에는 첩아월진을 사용하고, 상시 사용하는 문자에는 위올진을 사용하였으니, 한쪽만 폐지할 수 없는 것입니다. 지금 생도들은 모두 위올진만 익히고, 첩아월진을 익힌 사람은 적은 편이니, 지금부터는 사맹삭에 몽학으로서 인재를 뽑을 적에는 첩아월진까지 아울러 시험해서, 통하고

통하지 못하는 것을 나누어 헤아려 위올진의 시험보는 예에 의할 것
입니다.(『세종실록』, 1423년 2월 4일)

세종은 일본과도 접촉했다. 회유책을 쓰다가 이종무를 시켜 대마도를 정벌한 적도 있다. 일본은 사신을 보내 세종에게 팔만대장경을 달라고 줄기차게 요구했다. 일본어와 일본 문자에 대해 세종이 알고 있었거나, 마음만 먹으면 얼마든지 알 수 있었을 것이다.

아래 표는 한글을 중국의 한자나 몽골의 대표적인 문자인 파스파문자, 일본의 문자와 비교하였다.

	한글	한자	파스파문자	일본문자
만들어진 과정	의도적 창제	자연적 발전	의도적 창제	한문으로 일본말 기록
글자의 분류	소리글자	뜻글자	소리글자	소리글자
소리의 분석	초성+중성+종성	초성+나머지	초성+중성+종성	초성+중성
글자의 형태	네모꼴	네모꼴	네모꼴	네모꼴
글자 단위	음소	음절	음소	음절
쓰는 순서	위에서 아래로 왼쪽에서 오른쪽으로	위에서 아래로 왼쪽에서 오른쪽으로	위에서 아래로 왼쪽에서 오른쪽으로	위에서 아래로 왼쪽에서 오른쪽으로
글자의 결합	모아쓰기	모아쓰기	이어쓰기	나란히 이어쓰기
글자 만드는 방법	상형 후 규칙적 확장	상형 후 조합	티베트문자 변형	한자를 간략하게

한글만의 '독창적 요소'가 보이지 않는다

어떤 점이 한글만의 독창적 요소인가? 의도적으로 창제한 글자라는 점? 소리글자라는 점? 모양을 본뜬 기본자와 그 기본자를 조합한 글자라는 점? 음절을 초성, 중성, 종성으로 구분했다는 점? 글자의 모양이 네모꼴이라는 점? 모아쓰기를 하는 글자라는 점? 어느 것도 한글만의 독특한 요소는 아니다. 모든 요소가 한글과 똑같은 문자는 없지만, 한글의 특징이나 원리는 이전의 다른 문자에 다 존재한다.

다른 문자에 없는 특별한 요소가 한글에는 없다? 정말 그렇다면 한글은 이런저런 문자의 장점이나 좋은 점을 잘 '모아놓은' 글자일 뿐이다. 황금비율에 입각해 잘 혼합했다는 것이 한글의 결정적 차이일까? 그렇다고 쉽게 단언하기는 어렵다. 이것저것 모아놓다 보면 좋을 것 같지만, 오히려 역효과가 나기 쉽다. 고려할 것이 많아져 복잡하고, 어렵고, 무거워지기 쉽다. 사공이 많으면 배가 산으로 가기 쉽다.

한글이 다른 문자의 방법이나 원리를 단지 모아놓은 것이라면, 한글은 그다지 대단한 문자가 아니다. 한글에 대한 우리의 믿음은 신화에 불과하다. 그러나 한글의 결정적 차이를 아직 발견하지 못했을 수도 있다. 그걸 발견할 때 한글에 대한 우리의 믿음은 비로소 과학이 된다.

언뜻 보이는 구성요소만으로 본다면 한글의 독창적 요소는 없다. 그럼에도 한글만의 차이를 발견하고자 한다면, 다른 데서 찾아봐야 한다. 달리 봐야 한다. 기울여봐야 제대로 된 이미지가 보이는 그림처럼, 다른 각도로 아니면 아예 다른 차원에서 치고 들어가야 한다.

3장

한글과 『훈민정음』, 연역적 체계

부분 말고 전체를, 부분 간의 사이를 보자

한글의 차이는 보이는 요소에 있지 않다. 캐비어처럼 재료가 귀하고 독특해서 진미로 여겨지는 음식이 아니다. 재료 자체에 음식의 비밀이 있지 않다. 재료는 비슷했고 일반적이었다. 그럼에도 음식의 맛이 다르다면 그 비법은 어디에 있는 것일까?

『훈민정음』을 다시 봐야 한다. 이번에는 적용된 방법이나 원리에 초점을 맞추지 말자. 거기에는 우리가 찾고자 하는 것이 없다. 현미경으로 각 부분을 세세하게 들여다봐서는 그것이 보이지 않는다. 우리가 주목해야 할 것은 요소 간의 결합방식이다. 답은 거기에 있다. 부분과 부분의 사이에 있다. 각 부분보다는 전체에 주목하자.

전체 흐름과 구성, 어울림에 초점을 맞춰보자.

『훈민정음』, 피라미드 구조

『훈민정음』은 「세종의 서문」에서 한글을 만들게 된 배경과 목적을 간단하게 기술했다. 한글을 만들어낸 원초적 목적이다. 「예의」는 그 결과 만들어진 28자의 새 문자와 용법을 짧게 소개했다. 「해례」에서는 「예의」의 간단한 설명을 상세하게 풀어놓았다. 이해하기 쉽게 6개의 부분으로 나눴다. 원리로부터 각 부분으로, 부분들의 결합으로. 마지막에서 정인지는 신하를 대표해 소회를 표현했다.

「예의」와 「해례」는 따로 떼어 생각할 수 없다. 「해례」가 있기에 「예의」는 그리 간단하게 서술되어 있다. 「예의」가 있기에 「해례」는 6개의 부분으로 분할되어 있다. 「해례」의 각 부분 또한 마찬가지다. 〈합자해〉가 있기에 〈초성해〉가 그렇게 초성에 대한 부분만 설명해놓았다. 〈초성해〉가 앞에 있기에 〈합자해〉는 글자가 어울려지는 것에 대해서만 설명하면 되었다. 「예의」는 머리, 「해례」는 몸통으로 한 몸을 이루었다. 세종과 신하라는 지위에 맞는 역할 분담이기도 하다. 「세종의 서문」은 왕으로서 품격에 맞는 내용과 분량으로 구성되어 있다. 「정인지의 서문」은 왕이 시시콜콜 직접 이야기하기 어려운 내용을 조목조목 제시한다. 가려운 데를 긁어준다. 완

벽한 짝패다.

「세종의 서문」은 책 전체의 총론이자 집약이다. 한글을 탄생시킨 의도이자 철학이다. 「예의」부터는 그 의도가 구체적으로 형상화된 결과를 보여준다. 「해례」는 「예의」에서 소개한 한글을 영역별로 나눠 상세하게 설명해놓았다. 피라미드 모양처럼 내려 갈수록 더욱 구체적이고 자세해진다. 분량도 더 많아진다. 「정인지의 서문」은 「해례」의 서문이지만 맨 마지막에 배치해 마무리 짓는다. 잘 짜인 구성이다.

음양오행에서 시작해야 했다

천지자연이나 음양오행과 같은 부분은 다소 의아한 면이 있다. 오늘날 간단명료한 매뉴얼에 익숙한 우리에게는 다소 번잡하고 생뚱맞아 보인다. 그러나 한글을 과대포장하려고 일부러 집어넣은 것은 아니다. 당대의 시대적 상황과 맞닿아 있다.

『훈민정음』이 일반 백성을 대상으로 한 책이었다면 한자만으로 썼을 리 없다. 일반 백성을 위한 글이라면 「해례본」보다는 「언해본」이 더 적합하다. 『훈민정음』은 아마도 당대 지식인이나 관료, 지배계층을 위해 쓰인 책일 것이다. 새 글자의 배경과 의도를 충분히 이해해 한글을 수용해주기를 바라는 세종의 의도가 담긴 책이다. 그렇기에 한글의 실용성뿐만 아니라 정당성까지 확보해야 했다. 그런 의도에 맞게 철학적인 면을 가미했다. 한글이 이단적 철학을 기반으로 한 발명품이 아님을 말하려 했다.

조선의 철학은 성리학이었다. 성리학에서 천지만물의 근본원리는 음양오행이다. 한글을 설명하면서 음양오행으로 시작하고, 음양오행으로 마무리 짓는 이유는 그 때문이다. 실제든 아니든 한글을 음양오행과 연결시켜야 했다. 한글 반포 이후 최만리가 한글을 반대하며 상소문을 올렸던 사건을 상기하자. 최만리는 한글 창제가 중국의 한자를 버리는, 중국을 배반하는 일이라며 반대했다. 그런 반대가 제기될 것을 세종은 충분히 짐작했을 것이다. 어쩌면 창제 과정에서 이미 그런 징조를 경험했을 수도 있다. 그런 맥락을 이해하고 『훈민정음』을 유심히 봐야 한다. 『훈민정음』은 매우 다양한 요인을 감안하여 짜임새 있게 구성되어 있다.

한글도 피리미드 구조

이제 한글의 전체 흐름을 보자. 바람소리, 개 짖는 소리도 적을 수 있는 한글. 어리석은 이도 10일 배우면 사용할 수 있을 정도로 쉬운 한글. 그 한글이 소리로부터 글자가 되는 흐름을 살펴보자.

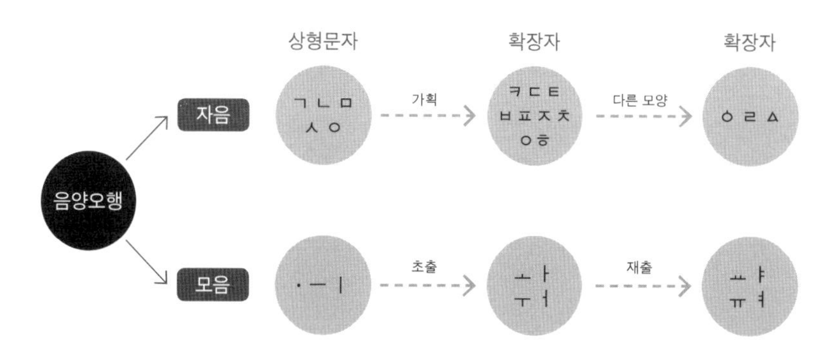

한글이 만들어지는 과정은 음양오행이 소리로, 그 소리가 글자로 표현되는 과정이다. 보이지 않는 철학적 원리가 들리는 소리로, 보이는 글자로 형상화된다. 음양처럼 소리는 자음과 모음으로 분류된다. 자음은 오행처럼 5개의 소리로 분류되고, 모음은 삼재라는 우주 구성의 근본요소를 소재로 했다. 한글과 음양오행은 떼려야 뗄 수 없을 정도로 관련되어 있다.

자음과 모음의 제자 방식은 동일하다. 모양을 본뜬 기본자가 먼저 있다. 기본자는 이후 만들어질 글자들의 원자와 같은 글자다. 이 기본자가 규칙을 통해 한번 변형되면 가획자와 초출자가 된다. 한번 더 변형되면 이체자와 재출자가 된다. 그러면 28자가 다 만들어진다. 28개의 글자들이 모여 ㅙ, ㅞ, ㄻ처럼 더 복잡한 자음과 모음이 만들어진다. 이 자음과 모음이 모여 음절이 되고, 음절이 모여 단어와 문장이 된다. 그렇게 모든 소리는 모든 글자로 형상화된다.

모인다 / 모인다 / 모인다

28개의 글자 ⇨ 하나의 음절 ⇨ 단어 ⇨ 문장

한글의 전체 흐름은 『훈민정음』의 전체 구성과 매우 닮아 있다. 음양오행의 철학적 원리가 출발점이다. 그 출발점에서 기본 글자가 나오고, 그 기본 글자에서 규칙으로 파생한 확장자가 만들어진다. 그 글자들이 모여 음절이 되고, 단어가 된다. 그 음절과 단어를

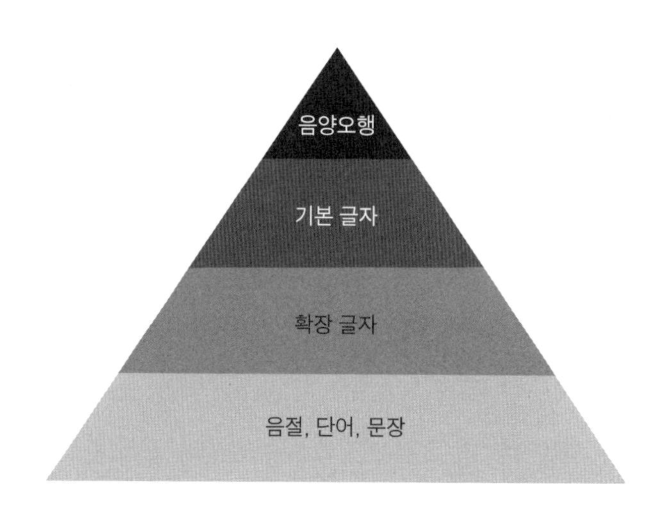

조합해 숱한 말들을 표기한다. 무형의 원리에서 유형의 글자와 문장이 만들어진다.

처음부터 끝까지 규칙적

한글이 만들어지려면 소리에 대한 정밀한 분석이 필요했다. 소리를 분류하고 구분하는 작업이 선행되어야 했다. 그런 작업을 통해 소리를 초성, 중성, 종성으로 구분했다. 각 소리를 다시 분석해 소리와 소리의 관계를 파악했다. 그런 분석의 성과를 그대로 반영해 글자를 만들었다.

한글의 자음과 모음에는 규칙적인 흐름이 있다. 무형에서 유형으로, 기본에서 확장으로, 단순함에서 복잡함으로 한 번에 하나씩 점진적으로 변화해간다. 변화의 과정에는 규칙이 있다. 소리가 거세질수록, 다른 글자와 결합할수록 획이 더해진다. 글자의 모양에 글자를 만들어가는 규칙이 담겨 있다. 출발에서 과정, 결말까지 모두가 설명 가능하다. 다른 말로 하면 쉽게 이해 가능하다. 무작정 외우거나 받아들일 필요가 없다.

게다가 기본자는 어떤 대상의 모양을 본떠서 만들어졌다. 자음은 발음기관의 모양을, 모음은 하늘과 땅과 사람의 형상을 본떴다. 그러니 글자의 모양을 쉽게 기억하고, 쉽게 이해할 수 있다. 역으로 글자를 보고 글자가 나타내는 소리를 연상하기도 쉽다. 쉽게 하려는 의도에 맞도록 치밀하게 고안된 결과다.

글자의 모양에는 하나가 더 있다. 각 음소의 모양만을 고려한 게 아니라, 음소와 음소가 모였을 때 조화까지 고려했다. 그때를 고려해 음소의 모양을 고안했다. 음절의 글자가 한자처럼 복잡해지면 곤란했다. 글자가 나타내는 소리의 특징을 표현하되, 복잡해서는 안 되었다. 그 결과 한글의 자음과 모음은 선이나 원 같은 기하학적 모양으로 표현되었다. 특히 모음은 자음과 자음을 중간에서 연결해야 하므로 자음과는 구분되었다. 그러면서 두 자음을 자연스럽게 연결할 수 있는 모양이다.

한글의 글자 모양은 다른 문자와 비교했을 때 탁월하다. 글자가 표현하는 소리의 특징도 잘 표현되었고, 글자를 만드는 방법에 최적화된 모양이다. 그래서 보고 이해할 수 있는 모양, 구분 가능한 모양, 다른 글자와 어울려도 복잡하지 않은 모양을 갖추게 되었다. 한자처럼 복잡하지도 않았고, 파스파 문자처럼 글자가 불규칙적이지도 않았고, 일본 글자처럼 글자가 많을 필요도 없었다.

한글과 『훈민정음』, 체계적이다

한글과 『훈민정음』은 치밀하게 설계되어 있다. 어느 한 부분이나 요소만을 고려하지 않고, 부분과 전체를 함께 고려해 설계되었다. 각 부분은 부분대로 역할을 충실하게 한다. 그런 부분들이 정교하게 연결되어 흐트러짐이 없는 전체를 이룬다. 부분과 전체가 완벽한 퍼즐처럼 딱딱 맞춰져 있다. 붓 가는 대로 툭 하고 제시된 게 아니다. 일정한 목적에 따라 단계와 영역을 철저히 구분했다. 엉성하고 조악한 전체가 아니라 미리 계산되어 배치된 작품이다.

이렇듯 부분과 전체가 긴밀하게 연결되었을 때, 우리는 체계적이라고 말한다. 체계적인 것의 가장 좋은 예는 집이다. 집을 지을 때는 많은 요소가 필요하다. 기둥, 문, 돌, 유리, 페인트 같은 여러 요소는 연결되어 있다. 집의 크기를 알아야 적절한 기둥과 문을 선택할 수 있다. 역으로 기둥이 잘 맞지 않고서 집이 제대로 설 수 없다. 좋은 집이 되려면 각 자재만 좋아서는 안 된다. 각 자재의 기능뿐만 아니라 전체적인 조화를 고려해야 한다. 그래서 집은 체계적이다.

한글은 매우 체계적이다. 한글에서 기본자와 가획자는 따로따로가 아니다. 기본자가 없이 가획자가 있을 수 없다. 자음과 모음이 없이 소리를 합쳐서 음절을 만들 수 없다. 한글의 제자 과정 하나하나는 다른 부분과 연결되어 있어 어느 한 부분이 빠지면 한글이 성립될 수 없다. 기본자가 달라지면 가획자도 달라지고, 음절의 전체 모양도 달라진다. 부분의 문제는 곧바로 전체의 문제가 된다.

『훈민정음』도 마찬가지다. 「세종의 서문」과 「예의」는 원인과 결과처럼 연결되어 있다. 「예의」와 「해례」 역시 연결되어 있다. 「해례」의 각 부분은 더욱 그렇다. 〈초성해〉가 먼저 있기에 〈합자해〉가 나중에 올 수 있다. 〈합자해〉에서 글자의 원리나 방법을 시시콜콜 설명하지 않는다. 적재적소에 필요한 만큼만 자리를 잡는다. 『훈민정음』은 가장 간단하면서도 효과적으로 한글을 설명한다.

한글은 연역적이다

한글은 또한 연역적이다. 연역적(演繹的)이란, 일반적 사실이나 원리를 근거로 특수한 사실을 끌어내는 방식이다. 궁극적 진리나 이

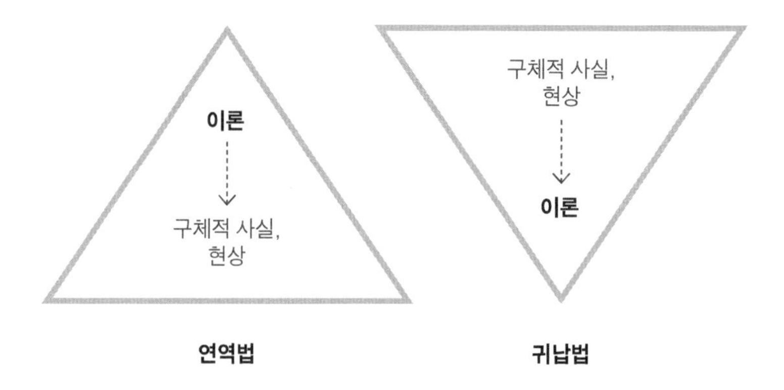

론에서 구체적 사실을 설명해간다. 구체적 사실에서 법칙이나 이론을 끌어내는 귀납적 방법과 반대다. 수학의 경우에는 확실하고 분명한 몇 개의 사실에서 증명을 통해 수많은 정리를 끌어내는 연역법을 주로 사용한다.

연역적 전개방식을 그림으로 표현한다면 꼭짓점이 위에 있는 삼각형이다. 최소한의 일반적 원리나 사실이 꼭짓점과 같다. 꼭짓점에서 내려올수록, 전개가 거듭될수록 구체적이고 다양한 현상들이 등장한다. 게다가 그 과정에는 일정한 규칙이 있다. 귀납법은 거꾸로다. 구체적인 현상을 모아서, 그 현상들 간의 일반적인 규칙을 뽑아낸다.

한글에서 출발점은 무형의 원리였다. 음양오행의 이치를 통해 한글이 만들어졌다. 그로부터 기본자가 만들어지고, 더 많은 확장자가 만들어진다. 그런 글자가 모여 말소리가 되고, 그 말소리들이 모여 단어와 문장이 된다. 음양오행이라는 원리에서 몇 개의 기본 글자가 만들어진다. 그 글자를 조합해 더 많은 말과 문장을 이끌어 낸다. 연역적 전개와 동일하다.

연역적 방식은 보통 철학이나 종교에서 많이 사용된다. 경험보다는 이론, 보이는 것보다는 보이지 않는 것을 중요시하는 곳에서 선호되는 방식이다. 궁극적 진리나 이치를 통해 이 세상을 설명하려는 입장에 잘 어울리기 때문이다. 진리나 이치가 어떻게 이 세상에 구현되고 적용되는지 보여주려 한다. 세종이 살던 조선시대는 태극과 음양오행 같은 이치를 근간으로 하는 성리학의 시대였다. 성리학을 많이 공부하고 따랐던 세종에게는 연역적 방식이 적격이었을 것이다.

연역적 체계인 한글

한글은 체계적이고 연역적이다. 종합하면 한글은 연역적 체계로 구성되어 있다. 그 체계의 바탕 위에 한글의 다양한 원리나 방법이 결합되어 있다. 소리를 3개로 구분한다거나, 글자의 모양을 상형해 가획한다거나, 모아서 한 음절로 쓴다거나 하는 한글의 중요한 특징들이 포함되어 있다. 이 체계는 한글을 구성하는 또 하나의 요소이자, 다른 요소를 떠받드는 근본적 토대다.

독창적 요소는 연역적 체계였다

체계를 갖추고 일할 때와 체계가 없이 일할 때, 둘 사이에 차이가 날까? 물론 차이가 난다. It makes a difference. 그것도 현격하게. huge difference! 일이 단순할 때 체계가 있느냐 없느냐 차이는 심하지 않다. 움집을 짓거나 오두막을 짓거나 별반 차이가 없다. 그러나 아파트를 짓는다고 해보자. 재료를 모두 준다고 하더라도 움집을 짓는다면 절대로 아파트를 지을 수 없다. 요소가 많아지면 많아질수록 체계는 필수적이다. 심지어는 체계를 갖추지 않고서는 허술하게라도 일을 해낼 수가 없다.

한글을 창제하는 데 사용된 방법이나 원리는 많았다. 그 많은 요소를 결합해 문자를 창제하는 데 체계가 없다면 더 복잡하고 무거운 문자가 되고 만다. 파스파문자가 그랬고, 알렉산더 멜빌 벨이 만든 '보이는 음성'도 그랬다.

'보이는 음성'은 전화의 발명가로 알려진 알렉산더 그레이험 벨(Alexander Graham Belle)의 아버지인 알렉산더 멜빌 벨(Alexander Melville Belle, 1819~1905)이 창안한 문자다. 청각장애 학생들을 치료

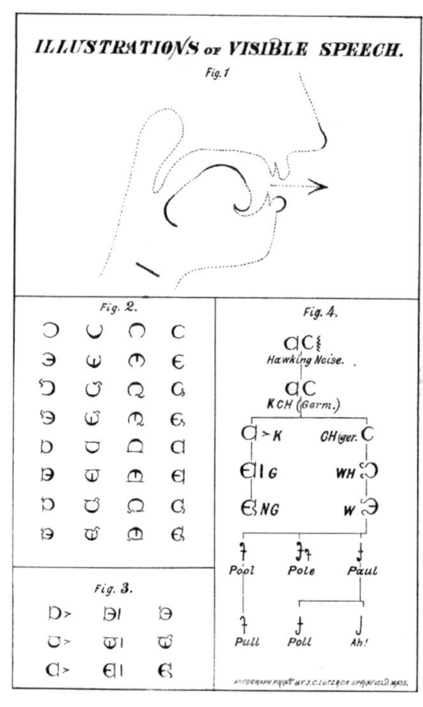

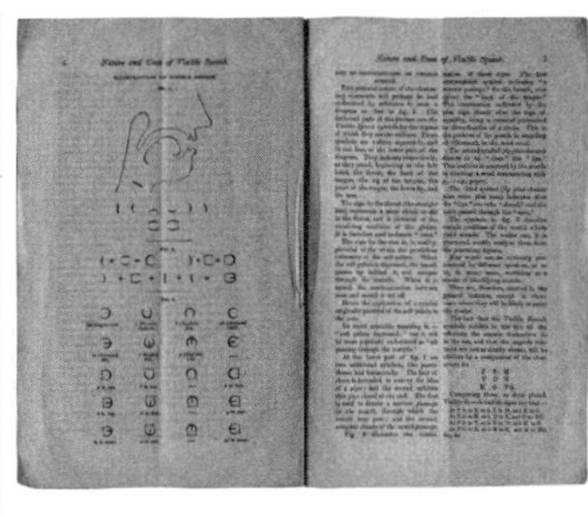

알렉산더 멜빌 벨의
『보이는 음성(visible speech)』

하면서 그들도 알 수 있는 문자를 떠올렸다. 1867년에 『보이는 음성(Visible Speech)』이라는 책을 통해 소개되었다. 이 문자는 발음기관의 위치와 모양을 문자로 표현했다. 한글의 원리와 같았다. 한글을 모르던 서양인들은 이 문자가 발음기관을 본떠서 만든 최초의 문자라고 생각했다. 이 문자는 세계 공용어로서 가능성을 인정받으며 큰 주목을 받았으며, 청각장애인의 교육에도 적용되었다. 그러나 이 문자는 살아남지 못했다. 다른 문자보다 더 복잡하다고 판명되어 쓰이지 않았기 때문이다.

이런 문자가 실패한 이유는 좋은 원리나 방법이 없었기 때문이 아니다. 오히려 반대다. 더 좋은 것을 만들기 위해, 더 다양한 것을 고려하다 보니, 오히려 더 복잡하고 불편한 문자가 되어버렸다. 아니 한 만 못한 셈이 되어버렸다.

한글에 많은 요소가 있음에도 복잡하게 느껴지지 않는 이유는 뭘까? 그것은 체계 때문이다. 체계를 통해 여러 요소를 적절하게 결합해 완벽한 조화를 이뤘다. 각 요소가 따로따로 놀면서 혼합되는 것이 아니다. 체계가 있어 한글은 혼합물이 아니라 화합물이 되었다. 마치 하나의 순물질처럼 간결해 보인다. 한글이라는 화합물을 만들어낸 것은 체계라는 화학적 결합 때문이었다.

체계를 통해 한글을 바라보자

한글과 다른 문자의 차이점은 '연역적 체계'에 있다. 한글에는 있고, 다른 문자에는 없는 것, 그것은 연역적 체계다. 소리에 대한 분석이나 글자 만드는 원리는 결정적 요소가 아니다. 그렇게 보이지만 부가적 요소에 지나지 않는다. 보이는 것에 시야를 빼앗겨서는 안 된다. 그 너머의 체계를 볼 줄 알아야 한다.

체계란 보이지 않는다. 눈여겨보지 않으면 그 존재를 알아채지 못한다. 그렇지만 체계는 그 존재감을 간접적으로 드러낸다. 정교함, 엄밀함, 정확함을 통해 체계는 드러난다.

한글이 한글이 되게 해준 결정적 한 방은 '연역적 체계'다. 이 체계를 통해 한글은 여타 문자와 비슷해 보이지만, 확연하게 다른 문자가 되었다. 우리는 이제 한글을 연역적 체계라는 관점을 통해 바라봐야 한다. 이 체계에 한글 창제의 비법이 숨어 있다.

4장

유클리드의 『원론』과 세종의 『훈민정음』은 닮았다

한글에는 연역적 체계가 있다. 그런데 연역적 체계는 동양이 아닌 서양의 학자들에게 매우 익숙한 사고방식이다. 서양의 수학에서 증명이라 하면 연역법이었다. 철학이나 과학에서 자신의 주장을 논리적으로 제시할 때도 연역적 체계를 활용하는 그런 전통이 뿌리 깊게 박혀 있다. 이 체계의 표준형을 제시한 사람이 기원전 3세기에 있었다. 바로 고대 그리스 수학자인 유클리드였다.

연역적 체계의 표준형이 제시되다

유클리드는 『원론』이라는 수학책을 남겼다. 이 책은 내용도 내용이지만, 그 체계가 엄청난 영향을 미쳤다. 그는 단지 증명을 하나

하나 제시하는 데 그치지 않고, 한 차원 더 나아갔다. 증명을 어떻게 제시해야 하는지를 고민하여 『원론』을 내놓았다. '무엇을 증명할 것인가?'를 넘어서서 '증명을 어떻게 제시해야 하는가?'를 보여주려 했다. 그 질문에 대한 답이 연역적 체계였다. 그가 제시한 체계는 비슷한 시도를 했던 이전의 책들을 무색하게 했다. 또한 자신의 주장을 제대로 제시하고자 하는 후대 사람들이 그 체계를 따르게 했다.

『원론』은 총 13권으로 구성되었다. 각 권은 크게 세 부분으로 나뉜다. 정의, 공리 그리고 정리다. 그는 정의에서 시작한 후 공리를 제시하고, 그 공리에서 정리를 추론해낸다. 정의는 용어의 뜻을 밝혀두는 것이고, 공리는 증명이 필요 없을 정도로 확실하고 분명한 사실이다. 절대적 진리라고 할 수 있다. 이 공리에서 논리적 절차를 밟아 이끌어낸 결과가 정리다. 정리는 증명된 사실이다. 정리에는 이유와 근거가 제시되어 있다. 평면기하를 다룬 1권을 조금 살펴보자.

- **정의(Definition)**

1. 점은 부분이 없는 것이다.
2. 선은 폭이 없는 '길이'다.
3. 선의 끝은 점이다.
4. 직선은 점들이 한결같이 고르게 놓인 것이다.
5. 면은 길이와 폭만을 가진 것이다.

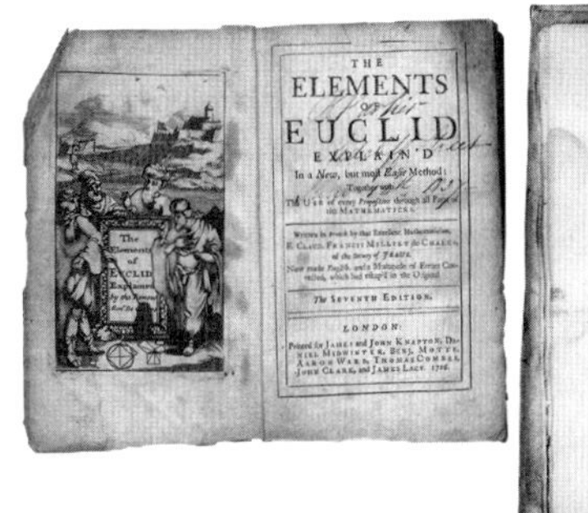

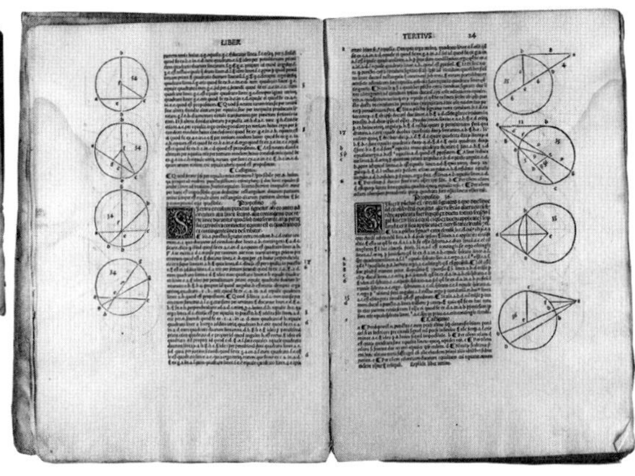

1726년판 유클리드의 『원론』과 세부 내용

- **공준(Postulate)**

1. 임의의 점에서 임의의 점 사이로 직선을 그을 수 있다.
2. 임의의 선분을 연장해서 그을 수 있다.
3. 임의의 점을 중심으로 특정한 반지름을 갖는 원을 그릴 수 있다.
3. 모든 직각은 서로 같다.
4. 직선 밖의 한 점을 지나는 평행선은 하나다.

- **공리(Common Notion)**

1. 같은 것끼리는 서로 같다.
2. 같은 것을 더해서 같은 것은 서로 같다.
3. 같은 것을 빼서 같은 것은 서로 같다.

4. 서로 일치하는 것은 서로 같다.

5. 전체는 부분보다 더 크다.

• **정리(Proposition)**

1. 주어진 선분을 한 변으로 하는 정삼각형을 작도할 수 있다.

2. 주어진 선분 밖의 한 점을 끝점으로 하여 주어진 선분을 이동시킬 수 있다.

3. 두 선분이 주어지면 긴 선분에서 짧은 선분을 자른 길이를 가진 선분을 작도할 수 있다.

4. 두 삼각형이 서로 대응하는 두 변의 길이와 그 두 변 사이에 존재하는 대응하는 각의 크기가 같으면 두 삼각형은 합동이고 나머지 대응하는 각과 변의 크기도 동일하다.

5. 이등변삼각형에서 등변의 하나와 밑변이 이루는 두 각(밑각)의 크기는 같다.

『원론』처럼 주장을!

『원론』 1권에는 정의 23개, 공리 10개 그리고 정리 48개가 있다. 정의는 점, 선, 면으로부터 시작된다. 기하학에서 숱하게 사용되는 용어다. 점은 쪼갤 수 없고, 선은 폭이 없고 길이만 있다고 했다. 이런 식으로 23개 용어의 정의를 제시했다. 다음으로 공리가 등장한다. 공준과 공리로 구분되지만, 둘을 묶어서 공리라고 보면 된다. 직선이나 원을 그을 수 있고, 같은 것끼리는 서로 같다. 같은 것을 더하거나 빼도 같다는, 너무 당연한 사실들이다. 말하면 입만 아플 정도로 옳은 사실이다. 이후 정리가 하나하나 제시된다. 유클리드가 보여주고픈 증명들이다.

맨 처음 등장하는 정리는 '정삼각형을 작도할 수 있다'는 것이다. 그는 이 증명을 '정의4/15/20, 공준1/3, 공리1'만을 이용해서 완성했다. 제시되지 않은 다른 정의나 공리를 전혀 사용하지 않았다. 먼저 제시되었던 정의와 공리만을 사용했다. 고로 정리1은 옳다. 정리1의 증명을 마친 후 유클리드는 정리2로 넘어간다. 정리2는 정의15, 공준1/2/3, 공리1/3에다가 정리1을 활용해 증명됐다. 그러니 정리2도 완전무결하게 옳다. 정리2는 곧바로 정리3의 증명을 위해 활용된다. 유클리드는 이런 식으로 정리1부터 정리48까지 단계를 밟아 차근차근 증명해갔다.

맨 마지막 정리는 무엇일까? 정리47과 정리48은 원론 1권의 대미를 장식한다. 그 정리는 바로 그 유명한 피타고라스의 정리(정리47)와 그 역(정리48)이다. 그 이전의 모든 정의, 공리, 정리는 모두 피타고라스의 정리로 종결된다. 달리 말하면, 피타고라스의 정리를 증명하기 위해 그 모든 정의, 공리, 정리가 필요했다. 완벽한 증명

을 제시하려고 그 먼 길을 마다 않고 달려왔다.

유클리드는 군더더기 없이, 심지어는 책의 서문도 없이 내용만 제시했다. 공리 10개만을 가지고 48개의 정리를 끌어냈다. 어느 것도 과정 없이, 설명 없이 제시되지 않았다. 그 과정을 따라간 사람이라면 48개의 정리가 온전히(?) 이해될 수밖에 없다.

『원론』에서 각 부분은 다른 부분과 철저하게 연결되어 있다. 첫 부분인 정의에서는 이어지는 뒷부분, 더 구체적으로는 피타고라스의 정리를 다루기에 필요한 용어를 선별하여 그 뜻을 밝혔다. 피타고라스의 정리와 무관한 정의는 없다. 공리도 마찬가지다. 피타고라스의 정리를 끌어내는 데 어떤 공리가 필요한지 따져서 그 공리를 선택했다. 정리도 앞부분의 용어와 공리 없이는 존재할 수 없다. 정의와 공리가 분명하게 먼저 제시되었기에 그 용어와 공리를 마음껏 사용할 수 있었다. 전체가 연역적 체계를 이루고 있다.

유클리드가 제시한 연역적 체계는 이후 서양에서 사고 전개의 표준적인 틀이 되었다. 수학뿐만 아니라 다른 분야에서도 이런 방식이 사용되었다. 뉴턴이 『프린키피아』에서 그의 과학법칙을 설명할 때도, 스피노자가 『에티카』에서 그의 철학을 설명할 때도 이 체계를 사용하였다.

법은 연역적 체계로 구성된 대표적인 예다. 우리나라에는 헌법, 법률, 명령, 조례, 규칙이 있다. 헌법이 최고 상위의 법이다. 규칙이 가장 하위의 법이다. 하위의 법은 상위의 법을 위반할 수 없다. 하위법은 상위법을 통해서 제정되어야 한다. 헌법은 우리나라가 어떤 나라인지, 어떤 원리를 통해 통치되는 나라인지, 국민은 어떤 기본권을 갖는지를 말해준다. 가장 근본적인 법이다. 이 헌법으로부터, 이 헌법이 정하는 권리와 의무로부터 상세한 법이 만들어진다.

세종 : 유클리드 =『훈민정음』:『원론』

『원론』은 연역적 체계다. 한글과 『훈민정음』의 체계와 같다. 둘 사이에 존재하는 시간과 공간의 격차는 엄청나다. 동양과 서양, 기원전 3세기와 기원 후 15세기. 그렇지만 체계로만 보면 둘은 너무 가깝다. 동일한 체계를 갖추었다. 이렇게 체계가 같게 된 데는 이유가 있다.

연역적 체계는 굉장히 정교하게 구축된 작품이다. 피라미드처럼 고도의 기술과 자원이 결합되어야 한다. 치밀한 준비 없이 즉흥적으로 만들어낼 수 없다. 연역적 체계를 사용하는 데는 분명한 이유와 목적이 있다. 유클리드의 『원론』을 보면 그 이유를 알 수 있다.

유클리드 이전에도 수학은 이미 꽤 발달해 있었다. 탈레스에서 피타고라스학파까지 이어지는 수학적 전통은 그리스 전역으로 확대되었다. 여기저기서 정리들이 쏟아져 나왔다. 그중에는 옳고 멋진 정리도 있었지만, 올바르지 못한 증명도 포함되어 있었다. 정리될 필요가 있었다. 이 판국에서 유클리드는 증명의 체계를 제대로 보여주려 했다. 유클리드 이전에도 동일한 시도를 했던 사람이 있었던 것을 보면 그건 시대적 요청이었다.

유클리드는 고민했다. 이 고민은 뭔가를 증명해내려는 고민과 결이 달랐다. 고민이 다른 만큼 그 해법도 달랐다. 유클리드는 증명

세종 『훈민정음』	항목	유클리드 『원론』
언어	영역	수학
15세기	시기	기원전 3세기
조선	지역	고대 그리스
한글을 체계적으로 설명한다	의도	수학을 체계적으로 보여준다
연역적(기본 글자 ⇨ 글)	체계	연역적(공리 ⇨ 정리)

훈민정음(체계) = 원론(체계)

의 전체적인 흐름과 과정, 각 부분의 연결 관계를 고려해 집을 짓듯이 체계를 구축했다. 정의, 공리, 정리라는 흐름을 고안했다. 각 부분의 내용도 심사숙고한 끝에 채워 넣었다. 정리 하나하나를 따로따로 증명하지 않고, 정리의 관계를 고려해 순서대로 배치했다. 그 결과물이 바로 『원론』이었고, 그 체계가 연역적 체계였다.

연역적 체계는 새로운 사실을 알아내려고 고안되지 않았다. 이미 아는 사실이나 정리를 논리적으로 설명하기 위한 체계다. 유클리드도, 뉴턴도, 스피노자도 자신의 주장을 논리적으로 제시하기 위해 이 체계를 활용했다. 이 점은 한글에도 적용된다.

한글이 연역적 체계를 구축하게 된 이유는 간단하다. 간단하지만 강렬했다. 소리를 잘 표현하면서도 쉬운 문자를 만들어내기 위해서였다. 아주 실용적이면서, 아주 편리한 문자여야 했다. 그 목표를 달성하기 위한 과정에서 연역적 체계가 고안되었다. 그 목표가 세종을 연역적 체계라는 땅으로 인도했다.

세종의 『훈민정음』은 유클리드의 『원론』과 같다. 세종이 나중에 태어났으니, 세종은 조선의 유클리드인 셈이다. 수학의 세계에 유클리드가 있다면, 문자의 세계에는 세종이 있다. 한글은 그 세종이 만들어놓은 피라미드다. 문자의 사막에 불쑥 솟아 있는 피라미드. 분명한 목적을 갖고 정교하게 구축한 작품이다.

연역적 체계, 미스터리를 풀어줄 열쇠

한글은 연역적 체계라는 다리를 통해 서양의 지적 전통과 연결되었다. 이 연결은 매우 중요하다. 이 연결은 한글을 조명하는 데 새 활력을 불어넣어줄 수 있다. 이제껏 한글은 비교의 대상을 갖지 못한 채 홀로 존재해왔다. 그러다 보니 한글에는 수많은 의문이 풀리기보다는 쌓이면서 과학이 아닌 신화가 되어버렸다. 이제는 한글도 비교해볼 수 있는 대상을 갖게 되었다. 같은 체계를 갖춘 다른 대상을 통해 한글에 대한 추론이 가능해졌다.

연역적 체계는 한글의 독창적 요소다. 그 체계를 통해 우리는 한글에 관한 의문을 풀어볼 수도 있다. 모양이 비슷하다는 이유로 한글의 기원이라고 주장하는 문자들이 무엇이 문제인지도 금방 풀린다. 한글의 독특함은 연역적 체계에 있다. 이 점을 부각하지 못하고, 부차적 요소의 유사성만으로 기원을 주장하는 것이 신화다. 연역적 체계를 통해 한글에 얽힌 의문을 하나하나 풀어가보자. 신화의 구름이 걷히면 한글의 진면목이 우리 앞에 드러날 것이다.

세종은 어떻게 연역적 체계를 만들었을까?

우리는 이 대목에서 새 궁금증을 가져야만 한다. 우리는 이제껏 '세종은 어떻게 한글을 만들어낼 수 있었을까?'라고 다소 모호하게 질문했다. 하지만 이제는 더 구체적으로 물어야 한다. '세종은 어떻게 연역직 체계를 만들어낼 수 있었을까?' 세종에 대한 의문은 이 체계를 구성할 수 있었던 배경으로 향해야 한다. 어디에서 배운 것인지 아니면 스스로 만들어낸 것인지 궁금하다.

한글이 채택한 방법이나 원리는 이미 다른 문자에서도 사용되었다. 그런 만큼 세종이 그런 문자를 참고해 한글을 창제했다고 보는 것이 더 합당하다. 그러나 연역적 체계는 그 어느 문자에서도 찾아볼 수 없다. 어디에서 힌트를 얻은 것일까? 세종 이전에 그런 체계가 있었는지 살펴볼 필요가 있다.

세종 이전의 동양에서도 연역적 체계가 사용되었을까? (나의 짧은 지식으로 살펴보건대) 그 사례를 찾아보기 어렵다. 그런데도 세종은 서양에서 일반적이었던 연역적 체계를 고안해냈다. 어리숙한 모양새가 아니라 완벽한 형태를 취했다. 어떻게 그런 일이 가능할 수 있었을까? 기반도, 전통도 미약한 곳에서 세종은 서양의 학자들이나 구사하던 정밀한 체계를 고안해냈다. 놀랍고 신기한 일이다. 미스터리 아닌가? 맞다! 진짜 미스터리다.

2부

『훈민정음』의 체계를 통해 풀어본 미스터리

5장

▲

한글의 창제 과정은 이래야 했다

체계가 비슷하면 과정도 비슷하다

이제부터는 연역적 체계라는 프리즘을 통해서 한글과 세종에 대한 의문을 풀어보자. 그 프리즘은 우리들이 모호하게 혹은 막연하게 생각했던 내막을 원색으로 진하게 보여줄 것이다. 먼저 창제 과정부터!

한글과 『원론』의 체계가 같다면 그것을 구성하는 대략적인 과정도 같았을까? 그럴 법하지만 쉽게 단정하기는 어렵다. 다른 과정을 거쳐 비슷한 형태를 띠었을 수도 있다.

체계는 보이지 않는 구조요 흐름이다. 전체적 구성이고 배치다. 짜임새 있는 집을 만들어낼 수 있는 방법이다. 체계가 구체적일수록 그 체계를 구성한 목적과 의도, 과정 또한 구체적이다. 독특한 체계일수록, 우연히 만들어지지 않는다. 연역적 체계는 굉장히 독특하다. 따라서 같은 체계라면, 비슷한 과정을 거쳤을 가능성이 높다. 한글과 『원론』의 차이는 대상의 차이일 뿐이다.

『원론』과 한글의 창제 과정은 비슷했을 것이다. 실수와 실패를 거듭하면서 엎치락뒤치락했겠지만, 큰 맥락에서 보면 한글은 연역적 체계로서 일반적 과정을 거쳤을 것이다. 연역적 체계를 만드는 매뉴얼이 있다면, 그 매뉴얼은 한글에도 적용될 수 있다. 그런 매뉴얼이 있을까? 있다!

연역적 체계, 이렇게 만들면 된다

연역적 체계의 구성과정을 잘 보여준 이가 있다. 프랑스 철학자 데카르트(1596~1650)다. '생각한다, 고로 존재한다'는 말로 유명한 사람이다. 그는 유클리드의 『원론』을 배워 그의 철학을 전개하는 방법론으로 활용했으며, 연역법을 근간으로 자신의 철학을 구축했다. 『방법서설』에 연역적 체계를 구성하는 방법을 기록하였다.

데카르트는 생각하는 능력인 이성을 신봉하는 철학자였다. 합리적 이성을 발판 삼아 철학을 전개해갔다. 그는 중세철학을 대체할 수 있는 새 철학을 정립하고자 했다. 과학을 필두로 전개되는, 새

시대에 걸맞은 새 철학이어야 했다. 그가 강조했던 것은 '방법'이었다. 그는 이전 철학에 문제가 있었던 것은 방법이 잘못되었기 때문이라고 진단했다. 누구에게나 이성은 골고루 분배돼 있다. 제대로 된 방법만 사용한다면 누구나 이성을 잘 활용할 수 있고, 옳은 생각을 할 수 있다고 했다. 결국 그는 방법을 찾았고, 그 방법대로 철학을 완성해냈다.

그가 찾은 방법은 수학이었다. 수학적 방식으로 생각하자는 것이다. 더 구체적으로는 유클리드의 연역적 체계였다. 인간이 인식할 수 있는 모든 것은 서로 연결되어 있다. 따라서 제대로 된 순서를 밟기만 하면 어떤 것도 발견해낼 수 있다. 그는 규칙을 네 가지로 요약했다. 그게 바로 연역적 체계를 만들어내는 과정과 같다.

> 첫째, 명증적으로 참이라고 인식한 것 외에는 그 어떤 것도 참된 것으로 받아들이지 말 것. 즉 속단과 편견을 신중히 피하고, 조금도 의심의 여지가 없을 정도로 명석 판명하게 내 정신에 나타나는 것 외에는 그 어떤 것에 대해서도 판단을 내리지 말 것.
>
> 둘째, 검토할 어려움을 각각 잘 해결할 수 있도록 가능한 작은 부분으로 나눌 것.
>
> 셋째, 내 생각들을 순서에 따라 이끌어 나아갈 것. 즉 가장 단순하고 가장 알기 쉬운 대상에서 출발하여 마치 계단을 올라가듯 조금씩

올라가 가장 복잡한 것의 인식에 이르기까지 이를 것. 그리고 본래 전 후 순서가 없는 것에서도 순서를 상정하여 나아갈 것.

끝으로, 아무것도 빠트리지 않았다는 확신이 들 정도로 완벽한 열거와 전반적인 검사를 어디서나 행할 것.*

첫 번째는, 일단 모든 것을 의심하라는 것이다. 좋은 것이 좋다며 무조건 받아들이지 말라. 꼼꼼히 따져보고 오류가 없으면, 그때 가서 참으로 받아들이라는 뜻이다. 그는 기존의 권위나 관습에 의해 그냥 인정받는 사실들을 의심하라고 권한다. 정말 타당한지, 정말 참된 것인지 확인해보라고 한다. 철저히 검증하고 확인하는 이 태도는 증명의 기본적 태도다. 이 단계의 중요한 목표는 의심을 통해 절대적으로 확실한 공리를 찾아내는 것이다. 그 공리가 결정되어야 나머지 작업이 순조롭게 진행될 수 있다.

연역적 체계의 본격적 과정은 둘째 단계부터 시작된다. 이 단계는 대상을 잘게 쪼개는 것이다. 증명하든, 주장하든 하고자 하는 이야기나 다루고자 하는 대상을 나눈다. 소금을 분해해 소듐과 염소로 나누고, 10을 2와 5의 곱으로 나누듯이 쪼갤 수 있는 만큼 잘게 나눈다. 문제를 통째로 다루거나, 주장을 통째로 제시하면 제대로

* 데카르트, 이현복 옮김, 『방법서설』(문예출판사, 2012), 168쪽.

다루지 못한다. 다루기 쉽게 나눠야 한다. 더는 쪼갤 수 없는 데까지, 화학의 원소나 수학의 소수에까지 다다르게 쪼개야 한다.

다음 단계는 나눠진 부분들을 순서에 따라 나열하는 것이다(여기서 각 부분은 각각의 생각 또는 사실이다). 가장 쉽고 단순한 것들부터 복잡하고 어려운 것들로 배치한다. 원인에 해당하는 부분을 먼저 배치한다. 종이접기처럼 철저하게 순서를 따라야 한다. 부분들의 전후관계를 생각해서 일련의 흐름을 완벽하게 만들어야 한다.

네 번째 단계에서는 세 번째 단계까지 해놓은 작업을 철저히 검증한다. 나눌 만큼 나눴는지, 나눠놓은 부분들을 제대로 배치했는지, 순서가 뒤바뀐 건 아닌지, 빠진 건 없는지 살펴본다. 그런 검증을 거쳐 더는 오류가 발견되지 않을 때 작업은 완성된다. 그 흐름과 배치를 그대로 옮겨놓으면 된다.

분석을 먼저, 종합을 나중에

연역적 체계는 크게 분석과 종합으로 구성된다. 분석은 대상을 나누고 쪼개는 작업이다. 조립된 레고조각을 다시 해체하는 과정이다. 분석의 목표는 더 이상 쪼갤 수 없는 부분까지 쪼개는 것이다. 어떤 모양의 레고조각이 필요한지 알아내는 것이 분석이다. 이 작업이 연역적 체계를 구성하는 출발점이 된다.

종합은 방향이 분석과 반대다. 풀어놓은 레고조각을 다시 조립한다. 쪼개진 조각을 모으고 조립하여 원래 대상을 복원하는 작업이다. 어떤 모양의 레고조각을 언제 어떻게 결합하면 되는지 순서를 정한다. 순서에 따라 종이접기를 해서 배나 학을 만들어내는 과정이다. 종합에서 중요한 것은 순서와 규칙이다.

겉으로 드러나는 연역적 체계는 종합의 과정을 따른다. 기본요소에서 시작해 순서를 따라 최종적 대상을 이끌어낸다. 제시되는 일련의 흐름과 배치가 바로 연역적 체계다.

헷갈리지 말아야 할 게 있다. 실제 작업과정과 연역적 체계의 전개과정은 순서가 다르다. 사실상 반대다. 실제 작업과정은 분석에서 시작한다. 그러나 표현될 때는 종합의 과정으로 구성된다.

연역적 체계의 출발점은 단순한 기본요소다. 『원론』의 공리가 그러하고, 한글의 기본 글자가 그러하다. 하지만 실제 작업과정에서는 분석을 통해 그 기본요소를 나중에 찾아내게 된다. 실제 해보지 않은 사람은 보이는 대로 판단하기 쉽겠지만, 보이는 순서와 실

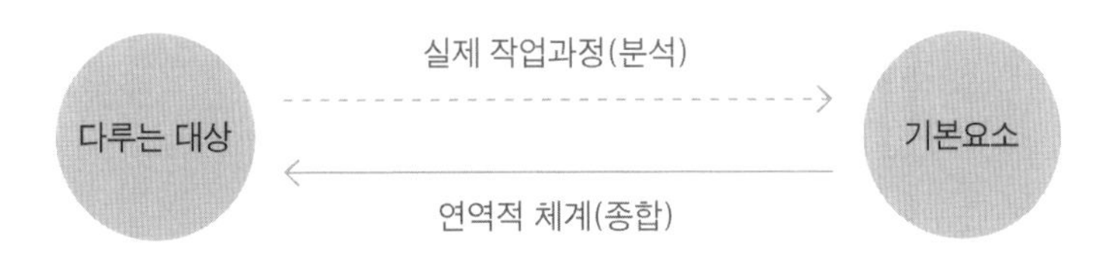

제 순서는 다르다. 집을 그릴 때 순서와 실제 집을 짓는 순서가 반대인 것과 같다. 보통 사람들은 집을 그릴 때 지붕부터 그린다. 그러나 실제 집을 지을 때는 그렇지 않다. 주춧돌부터 시작해 지붕은 맨 나중이다.

한글 창제 과정의 큰 흐름

한글 또한 연역적 체계의 기본 과정을 거쳤을 것이다. 우리말의 소리를 분석하는 과정과 다시 종합하는 과정이다. 그런데 한글에는 한 가지의 과정이 더 추가된다. 새 문자의 모양을 디자인하는 작업이다. 소리의 종류를 구분하고, 순서대로 배열한 다음, 각각의 소리에 해당하는 글자를 새로 만들어야 했다.

실제 과정에서는 조금씩 섞이기도 하고, 뒤바뀌기도 했을 것이다. 소리를 분석하다가 글자의 모양을 언뜻언뜻 생각해보기도 하고, 종합하는 과정에서 분석이 부족하다는 것을 깨닫고 다시금 분석하기도 하고, 글자를 만들면서 말소리에 대한 분석과 종합을 되

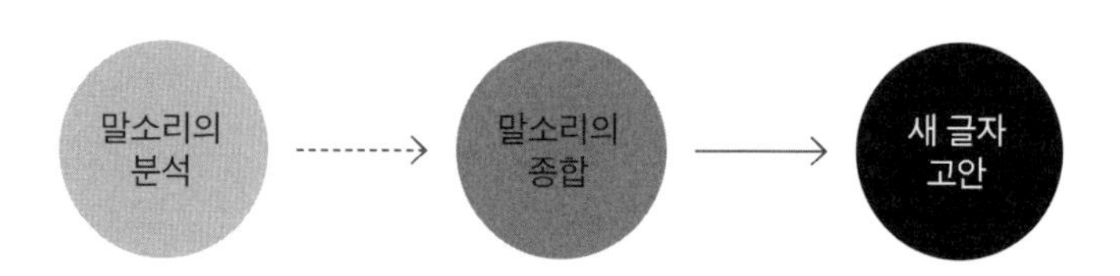

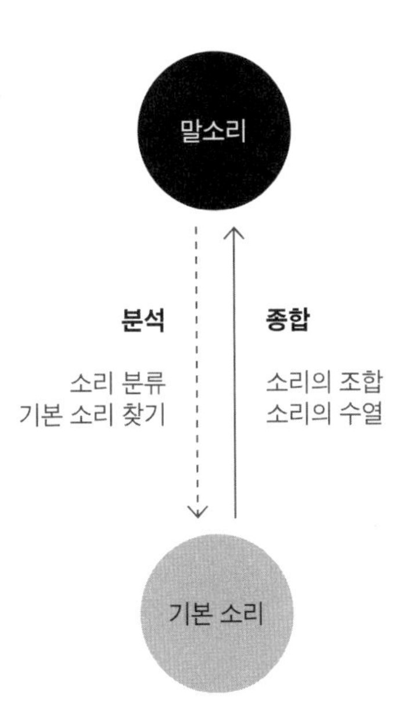

돌아봤을 수도 있다. 이 체계를 누군가에게서 전수하지 않은 이상에야 그렇게 뒤죽박죽된 과정을 겪었다고 보는 게 더 합리적이다. 그렇더라도 전반적 과정은 결국 분석, 종합, 글자 디자인이었다.

분석 과정은 말소리를 쪼개는 것이다. 어디까지 쪼갤 수 있는지에 따라 소리를 어떻게 다룰 수 있는지 결정된다. 분석을 마치면 종합이다. 쪼개진 소리로부터 원래의 모든 소리를 복원해낸다. 종합의 목표는 소리의 수열을 만들어내는 것이다. 그러려면 소리를 두 개의 그룹으로 분류해야 한다. 기본 소리와, 기본 소리의 조합으로 만들어지는 소리다. 순서를 정해 소리의 수열을 만들어내면 종합의 과정은 끝난다.

분석과 종합에서 중요한 것은 소리의 분류 기준이다. 기준을 어떻게 정하느냐에 따라서 기본 소리도 달라지고, 기본 소리 이후의 순서도 달라진다. 소리의 세기로 할 것이냐, 소리 나는 위치로 할 것이냐, 입을 벌린 정도로 할 것이냐 등 그 기준은 매우 다양하다. 어떤 기준을 선택하느냐에 따라서 기본 소리도, 나머지 소리의 합성 순서도 모두 달라진다.

분석과 종합을 마치면, 새 글자를 만드는 작업이다. 소리의 분류표를 본 다음, 각 소리에 어울리는 글자의 모양을 디자인하면 된다. 어떤 글자를 만들고자 하는지에 따라 글자의 모양에 대한 상상력은 달라진다. 세종은 글자의 모양이 소리의 성질을 담아내게 만들었다. 제한조건을 설정해놓았다. 그만큼 문제는 더 까다로워졌다.

글자의 모양까지 만들고 나면 글자 창제의 작업은 끝난다. 분석과 종합을 거친 소리가 디자인을 통해 모양을 갖게 되면서 글자가 만들어진다. 이 모든 과정은 서로 연결되어 있다. 분석이 잘돼야 종합도 잘될 수 있고, 글자도 잘 만들어낼 수 있다. 실제 작업 과정에서는 이 작업과 저 작업이 뒤섞이며 수정되었을 것이다.

그런데 한 가지 중요한 작업이 빠져 있다. 말소리를 모으는 작업이다. 분석과 종합은 말소리가 있어야만 가능한 일이다. 세종은 모든 말소리를 모아놓은 상태에서 한글을 만들지 않았다. 말소리를

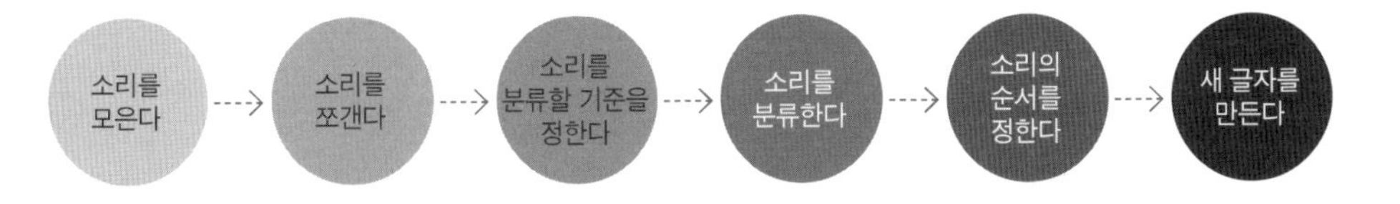

모으는 것부터 시작해야 했다. 이 일이 가장 먼저다. 소리의 수집 과정을 고려해, 한글의 창제 과정을 정리하면 위와 같다.

말소리를 수집한다

각 과정의 세부적인 일까지 생각해보자.

첫 작업은 말소리의 수집이다. 세종은 당대의 조선 사람들이 사용했던 말소리를 모아야 했다. 빠지는 소리가 있어서는 안 된다. 최소한 꼭 필요한 소리라도 모아야 한다. 빠지는 소리가 있는 상태에서 글자를 만들 때, 모든 말소리를 글로 옮기지는 못한다.

말소리의 범위에 따라 글자의 범위도 달라진다. 범위를 넓게 잡아 글자를 만들면, 작업은 힘들겠지만, 그만큼 널리 사용할 수 있는 글자가 된다. 범위를 좁게 잡으면 작업은 쉽겠지만, 사용범위는 좁아진다. 범위는 다양하게 설정할 수 있다. 세종이 거주하던 왕궁을 범위로 할 수도 있고, 한양으로 잡을 수도 있다. 더 넓혀 조선 전체를 말소리 수집의 대상으로 잡을 수도 있다.

세종 이전에 우리 말소리를 모았거나 분석한 자료가 있었다는 기록은 없다. 세종은 이 작업부터 시작해야 했다. 전국 방방곡곡의 말소리를 모아야 했다. 각 도의 사람들이 일상생활에서 사용하는 말소리를 수집해야만 했다. 세종이 주로 활동하던 궁중의 말과 일반 백성의 말에는 차이가 있었을 것이다. 백성을 위한 한글이 되려면 백성의 말소리까지 모아야 했다.

조사 방법과 자료의 축적도 문제다. 그때는 지금처럼 녹음기가 있지도 않았다. 소리를 그대로 채집하여 세종 앞으로 가져올 수 없었다. 세종이 방방곡곡을 돌아다니며 백성들의 소리를 일일이 들으면서 자료를 만드는 것도 말이 안 된다. 세종에게 그럴 시간이 있었을 리 만무하다. 어느 세월에 돌아다니며 소리를 모을 수 있었겠는가?

세종이 모든 소리를 직접 듣지 못한다면 다른 방법을 써야 한다. 모아야 할 소리를 글 또는 다른 방법으로 세종에게 전해주는 방법을 생각할 수 있다. 이 방법에는 이 역할을 해낼 만큼 학문적 역량을 갖춘 사람이 있어야 한다. 그렇더라도 치명적 한계가 있다. 「정인지의 서문」에서도 언급되었듯이 한자로 우리말을 정확하게 옮기지 못해 우리 글자를 만들려고 했던 것 아닌가! 기록한다고 해봐야 한자나 이두를 써야 할 텐데, 그 방법으로는 우리 말소리를 모두 옮길 수 없다. 소리를 모으더라도 그 소리를 기록할 방법이 마땅치 않았다.

돌아다니며 말소리를 들을 수 없다면, 세종 앞으로 각 지방 사람들을 데려오는 수밖에 없다. 지역을 나누고, 그 지역을 대표하는 사람을 뽑아 세종 앞에서 말해보게 하는 것이다. 그 방법밖에 없다. 그렇게 못한다면 세종이 생활하던 근방 정도를 대상으로 삼아 글자를 만드는 수밖에 없다. 그랬다면 그 문자는 백성의 말소리를 옮겨 적는 데 부적합했을 것이다. 백성을 불쌍히 여겨 새 글자를 만들었다는 「세종의 서문」이 무색해지는 것 아닐까?

세종이 말소리를 모으려고 했다는 기록은 없다. 사람을 보내거나, 사람을 불러들여 궁궐에서 말해보라고 했던 적도 없다. 어떻게 소리를 수집했을지, 이 과정 역시 미스터리다. 이 작업은 매우 중요하다. 새 글자의 실용성과 유용성이 여기서 결정되기 때문이다. 어마어마한 시간과 인력이 들어가야 하는 작업이다. 국가적 규모의 프로젝트였을 것이다.

말소리를 쪼갠다

우여곡절 끝에 말소리를 모았다고 하자. 그럼 이제 말소리를 쪼개가야 한다. 말소리를 쪼개려면 소리에 대한 감각과 관찰력이 필요하다. 세종은 음악에 조예가 깊어 요즘 말로 절대음감을 가졌다. 박연이 만든 악기의 음을 듣고 미세하게 달라진 음을 포착하기도 했다. 세종은 말소리를 쪼개는 작업에 충분한 능력을 갖고 있었다.

소리를 쪼개려면 소리를 자주 들어야 한다. 다른 사람이 말하는 것을 들어보고 관찰해야 한다. 그리고 자기 자신이 직접 소리를 내보며 그 소리를 귀로, 마음으로, 생각으로 관찰해야 한다. 소리가 어디에서 나는지, 성질은 어떠한지를 파악해야 한다. 결과적으로 볼 때 한글은 소리를 예리하게 분석해놓았다. 그러려면 소리를 내보고 지켜보는 작업을 숱하게 반복했을 것이다. 혼자서는 불가능하다.

소리를 쪼개면서 병행해야 할 중요한 작업은 기록이다. 어떤 말소리가 있고, 그 말소리가 어떻게 쪼개지는지를 기록해야 최종 데이터를 완성할 수 있다. 분석한 결과를 적으려면 한자를 사용할 줄 아는 사람이어야 했다. 한자로 옮길 수 없는 소리의 경우에는 복잡해진다. 다른 기호나 방법을 동원해 그 소리도 기억하거나 기록해야 한다. 학문적 능력을 갖춘 사람이어야 가능한 일이다.

소리를 쪼개는 일은 절대 단순하지 않다. 우리는 이미 소리를 초성, 중성, 종성으로 쪼갠다는 것에 익숙하다. 그렇지만 세종 이전까지 중국에서는 초성과 초성 이외의 소리로 쪼개는 게 일반적이었다. 그 점을 생각하면 소리를 3개로 쪼갠 세종의 방식은 대단히 파격적이다. 보기에는 쉬워 보이는 것들도, 그걸 만들어내기까지는 많은 어려움이 따르게 마련이다.

소리를 어떻게 쪼개느냐에 따라 글자는 달라진다. '종'이라는 소리를 더 이상 쪼갤 수 없다고 할 수도 있다. 또는 종을 'ㅈ'+'ㆁ'으로, 'ㅈ'+'ㅗ'+'ㆁ'으로 쪼갤 수도 있다. 쪼개는 단위를 섬세하게 잡으면 섬세하게 쪼개지고, 뭉텅이로 잡으면 뭉텅이로 쪼개진다. 무지개를 어떤 색으로 구분하느냐와 같다. 소리를 반복해서 듣고, 시간을 더욱 잘게 쪼개 소리가 나는 기관의 변화를 살펴야 한다.

한글이 소리를 3개로 구분했다고 해서 우리 말소리가 3개로 딱 끊어지는 것은 아니다. '종'을 실제 소리내보라. 입술이나 혀가 3개로 딱 끊어지지 않는다. 처음부터 끝까지 이어지는 것처럼 들린다. 말소리를 몇 개로 쪼개느냐는 정해져 있지 않고 무한히 열려 있다. 정해진 답을 찾아내는 게 아니다. 이것저것 해보면서 선택하고 결정해야 한다. 더군다나 연역적 체계하의 작업이었으므로 그 선택과 결정은 다른 작업에까지 영향을 미치게 된다.

소리를 분류할 기준을 정하다

소리를 다 쪼갰다면 이제 종합의 과정이다. 기본 소리를 찾아, 그 기본 소리를 통해 다른 소리를 복원해야 한다. 그 과정에는 일정한 규칙이 있어야 한다. 그 규칙을 제공하는 것이 분류의 기준이다. 분류를 어떻게 하느냐에 따라 소리 간의 규칙성은 달라진다. 종합의 첫 작업은 분류 기준을 정하는 것이다.

한글은 말소리를 크게 자음과 모음으로 분류한다. 그중에서 자음은 발음기관에 따라 다시 5개의 그룹으로 분류된다. 지금 우리야 그 결과를 이미 알고 있다. 그러나 그 작업을 시작해야 할 사람에게는 분류 기준이 처음부터 결정되어 있지 않았다. 그 기준을 찾아내야 했다.

말소리는 얼마든지 다양한 기준에 따라 분류할 수 있다. 입술의 모양만을 기준으로 할 수도 있다. 입술을 오므린 소리인지, 입술을 반쯤 벌린 소리인지, 입술을 다문 소리인지. 소리의 길이에 따라 분류할 수도 있다. 짧게 끊어지는 소리인지, 길게 이어지는 소리인지. 생각해볼수록 그 기준은 다양하다.

원자처럼 잘게 쪼개진 말소리들을 앞에 놓은 세종을 연상해보자. 거기에는 몇 개 정도의 말소리가 있었을까? 훈민정음이 28자라지만, 그건 줄이고 줄여 놓은 것이다. 28개가 말소리의 전부는 아니었다. 모음만 하더라도 얼마나 다양한가? 얼핏 생각해보더라도 ㅙ, ㅟ, ㅖ, ㅙ 복잡한 모음이 많다. 그런 것까지 고려한다면 작게는 몇십, 많게는 몇백에 이르지 않았겠는가! 적절한 기준을 선정해 이 말소리들을 분류하여 기본 소리를 찾아가는 것, 쉽지 않다. 끝이 보이지 않는 길을 걸어가야 했다.

천리 길을 걸어가려니 막막했을 것이다. 그래도 어쩔 수 없다. 천리 길도 한 걸음부터다. 하나씩 이리저리 해보는 수밖에 없다. 단순히 분류하는 것만 한다면 어려움은 훨씬 덜 했다. 그러나 분류해서 기본 소리를 찾고, 그 기본 소리에서 다른 소리를 연역해야 했다. 말소리를 잘 분류할 뿐만 아니라 연역적 체계를 구성해내기에도 적합한 기준이어야 했다. 기준 하나를 잡아 분류하고, 종합하는 과정을 반복했을 것이다. 여러 번의 반복, 여러 번의 실패, 여러 번의 정리를 거쳐야만 하는 작업이다.

기준에 따라 말소리를 분류하다

분류할 기준을 정하면 그 기준에 따라 말소리를 분류하면 된다. 기준에 따라 말소리를 몇 개의 그룹으로 나눈다. 결과적으로 보면 한글은 우선 음절의 첫 부분이냐 중간 부분이냐에 따라 자음과 모음으로 나눴다. 그리고 자음은 다시 발성기관에 따라, 모음은 복잡한 정도에 따라 다시 분류되었다.

말소리의 순서를 정하다

몇 개의 그룹으로 말소리가 분류되었다면, 이제는 말소리의 순서를 정해야 한다. 종합 과정의 핵심적인 작업이다. 각 그룹의 소리를 기본 말소리로부터 마지막 말소리까지 순서를 정해 나열한다. 그러려면 각 그룹 내의 말소리를 다시 구분할 수 있는 또 다른 기준이 있어야 한다. 그래야 기본 소리에서 다른 소리로 이어지는 순서를 정할 수 있다.

한글의 혓소리를 보자. 혓소리는 자음을 발음기관에 따라 분류함으로써 형성된 그룹이다. 거기에는 ㄴ, ㄷ, ㅌ, ㄸ가 포함되어 있다. 이 그룹의 기본 말소리는 ㄴ이다. 세종은 자음의 각 그룹을 소리의 세기를 기준으로 다시 배치하였다. 그래서 혓소리는 ㄴ, ㄷ, ㅌ, ㄸ 이렇게 배치된다. 이렇듯 소리의 세기와 같은 또 하나의 기준이 필요하다. 그래야 각 그룹의 소리에 순서를 부여할 수 있다.

아무런 기준이 없이 덩그러니 놓여 있던 말소리를 일차로 분류하고, 각 그룹의 말소리를 이차로 분류하여 기본 말소리에서 마지막 말소리까지 순서대로 나열하면 분류 작업은 끝난다. 소리의 분류 기준은 눈에 보이지 않는다. 생각을 통해 봐야 한다. 소리에 대한 지식, 관점이 풍부해야 말소리를 분류할 수 있다. 일차와 이차의 분류 기준을 찾기 위해 세종은 무수히 썼다 지우고를 반복했을 것이다. 그만큼 고단한 작업을 반복해야 했다.

새 모양의 글자를 디자인하다

말소리의 수열을 만들었다면, 이제 새 글자를 만드는 작업이다. 이 작업에 이르러서야 가시적 성과가 보이기 시작한다. 그 이전 작업들은 물 밑에 잠긴 빙산처럼 표가 나지 않는 일들이었다. 새 문자를 만든다지만 새 문자를 만드는 것과는 거리가 있어 보였다. 드디어 진짜 새 문자를 만드는 작업을 시작하게 된다.

새 문자는 말 그대로 '새로운 모양'의 문자다. 기존에 없던 문자를 선보이는 것이다. 기존 문자의 변형이나 수정이 아니다. 기존 문자의 수정 정도였다면, 이 지난한 작업을 할 필요가 없다. 결과적으로도 세종은 기존 문자와 아주 다른 문자를 선보였다. 원리나 방식, 모양 모두 한자와는 확연하게 다른 한글이 탄생했다.

전에 없던 것을 만들어본 사람은 알 것이다. 새로운 것을 만들어내기가 얼마나 어려운지. 남들이 보기에는 신통치 않게 보여도 그것을 만들어내는 사람에게는 인고의 세월이 요구된다. 그런 점에서 새 문자의 모양을 디자인하는 작업 또한 만만치 않았을 것이다.

세종이 한글의 모양을 단번에 디자인했을 리는 없다. 다른 작업처럼 여러 번의 시행착오를 거쳐야만 했다. 한글의 경우는 소리의 성질을 담아야 했기에 글자의 모양을 만들 때 주의해야 했다. 무턱대고 간편한 문자, 쉬운 문자, 아름다운 문자를 만든다고 될 일이 아니었다. 연역적 체계에 딱 맞는 문자여야 했다.

새 글자의 디자인, 무한히 열려 있는 일이다. 어떤 모양으로 할 것인가? 참으로 막막한 일 아닌가! 그만큼 경우의 수는 무한했다.

가장 쉬운 방법은 각각의 말소리를 각기 다른 모양으로 디자인하는 것이다. 모두 다른 문자로 디자인하면 된다. 영어의 알파벳처럼 자유롭게 각 소리마다 마음에 드는 모양을 부여한다. 그랬다면 아마도 지금의 영어와 비슷한 글자가 되었을 것이다. 차이가 있다면 글자의 모양과 각 글자가 나타내는 소리 정도였을 것이다.

그런데 세종은 그 정도에서 만족하지 않았다. 문자의 모양이 지녀야 할 제한조건이 있었다. 문자의 모양은 소리의 성질을 담아야 했다. 게다가 초성, 중성, 종성을 모아쓴다는 점도 고려해야 했다. 연역적 체계의 규칙까지, 고려해야 할 제한조건이 많았다.

모아쓰기는 글자의 디자인에 직접적으로 영향을 미친다. 모아쓰기를 하지 않으면 글자 하나하나의 모양을 자유롭게 디자인할 수 있다. 그러나 모아쓰기를 고려하면 그것을 의식해서 글자의 모양을 디자인해야만 한다. 초성, 중성, 종성의 각 글자를 모아서 써도 하나의 글자로 손색이 없어야 한다. 모아썼더니 한자처럼 복잡해진다거나, 글자가 너무 길어진다거나 하면 새 글자의 당초 취지에 맞지 않게 된다. 모아쓰기 때문에 한글의 모양은 직선이나 원 같은 기하학적 모양으로 갈 수밖에 없었다. 그래야만 모아써도 하나의 글자로 읽고 쓰기 쉽기 때문이다.

한글 창제, 방대한 작업이다

한글의 창제 작업은 말소리를 모으는 것에서 시작된다. 그로부터 분석과 종합을 거쳐 새 글자의 모양을 디자인하는 것으로 끝난다. 각 과정을 세부적으로 골똘히 생각할수록 하나하나가 만만치 않은 작업이었다. 각 과정만도 벅찬데, 각 과정을 연결해 전체 체계를 만들어야 했다. 하나가 바뀌면, 모두가 바뀌어버린다. 한글 창제는 방대하면서도 복잡한 작업이었다.

6장

한글을 만든 이는 '세종들'이었다

세종 홀로 아니면 같이?

이제는 '세종 혼자서 한글을 창제했을까?'를 살펴보자. 우선은 창제 작업의 규모와 세종의 능력이나 여건을 비교할 필요가 있다. 한글이 혼자 지을 수 있는 집인지, 혼자서는 도저히 지을 수 없는 집인지 판단해보는 것이다.

세종은 분명 능력자였다. 한국의 레오나르도 다빈치라고 할 만큼 출중한 인물이었다. 학문적인 면에서도 세종은 집현전의 신하들을 압도했다. 세종이 훈민정음 해례본을 만들라고 지시했을 당시 집현전 학사들 대부분은 세종보다 한참 어렸다. 또 세종은 학문적 역량도 앞서 있었다. 한 개인으로 봤을 때 세종은 한글을 창제하기에 충분한 역량을 갖췄다. 게다가 국가적 규모의 자원을 동원할 수 있는 위치에 있었다.

세종이 '혼자서' 그 모든 작업을 '처음부터 끝까지' 작업했다고 생각해보자. 세종이 북 치고 장고 치고 모두 다 해낸다. 비밀리에 각 지방을 돌아다니며 백성들의 소리를 들으며 소리를 모은다. 소리를 차곡차곡 모아 정리하고, 그 자료를 몰래 보관한다. 틈틈이, 짬짬이 자료를 보고, 소리를 분석하며, 기록해간다. 밥을 먹다가도 글자의 모양을 떠올리며 한글을 만들어낸다.

세종 혼자서 한글을 만들어낼 수 있었다고 믿겨지는가? 두 팔을 가진 '인간' 세종이 그 모든 일을 해내기에는 버겁다고 느껴지지 않는가? 백 개의 팔을 가진 '신' 정도는 돼야 하지 않을까? 다큐멘터리가 아닌 판타지여야만 가능할 것 같다.

한글, 아무리 봐도 한 사람이 만들어내기에는 작업량이 너무 많고 방대하다. 규모는 전국적이고, 작업의 성질 또한 다양하다. 말소리의 수집부터 문제는 심각하다. 연역적 체계로 볼 때 말소리를 먼저 확정해야 했으므로 말소리의 수집과 분석은 필수적이었다. 자료의 기록이나 분석에는 학문적 능력을 갖춘 사람들이 결합되어야만 한다.

한글이 사용하는 방법이나 요소는 많고 복잡하다. 그 요소들을 스스로 고안하는 것은 고사하고, 다른 문자에서 그런 요소를 모아

익히는 것만으로도 벅찬 일이다. 디자인 작업은 또 어떠한가? 이 모든 일을 해내려면 많은 사람의 손이 필요하다. 한글, 홀로 만들기에는 불가능한 작업 아니었을까?

연역적 체계, 아무나 쉽게 만들어낼 수 있는 게 아니다

연역적 체계를 만들어내는 것은 쉽지 않은 작업이다. 실제 사례를 보면 쉽게 확인할 수 있다. 먼저 이 체계의 표준을 제시한 유클리드부터 살펴보자.

유클리드는 고대 그리스의 수학자였다. 언제 태어나서, 언제 죽었는지도 명확하지 않다. 대략 기원전 330년~기원전 275년으로 알려져 있다. 그의 생애에 대해서도 별로 알려진 바가 없다. 『원론』을 언제 저술했는지도 명확하지 않다. 그는 알렉산드리아의 도서관에서 활동했던 수학자였다. 뛰어난 수학자였기에, 왕의 개인교사 역할도 했다. 공부하고 글 쓰는 일을 전문으로 하는 학자였다. 작업하기에 좋은 여건을 갖추었다.

게다가 유클리드는 『원론』 같은 수학 책을 처음 썼던 사람도 아니다. 유클리드 이전에도 그리스 수학을 정리해 책을 썼던 사람이 있었다. 이름마저 『원론』으로 같았다. 유클리드에게 영감을 불어넣고, 유클리드가 경쟁하면서 타산지석으로 삼을 만한 선행 자료나

연구가 있었다. 그걸 보면서 그는 더 좋은 책을 구상할 수 있었다.

『원론』에는 유클리드의 독창적 이론이나 증명은 거의 없다. 새 정리를 증명하려고 노력했던 수학자라기보다는 기존의 업적을 이어받아 체계화한 인물이다. 그런 체계를 구성하는 것을 본인의 역할로 삼았다. 그는 이전의 수학적 업적과 발견을 착실하게 이어받았다. 다뤄야 할 내용은 어느 정도 정해져 있었다. 그가 수학의 모든 정리를 다룬 것도 아니다. 그가 다룰 수 있는 내용만을 한정해서 체계를 구축했다.

유클리드는 세종보다 제반 여건이 더 좋았다. 수학자에, 왕의 교사에, 도서관까지. 게다가 그는 다뤄야 할 대상을 정리하기 위해 수고할 필요도 없었다. 기존의 자료와 연구가 있으니, 그것을 잘 활용하면 된다.

대상에서도 유클리드는 유리했다. 유클리드가 다룬 대상은 수학의 지식이었다. 실제 세계와 관련되어 있지 않아 다루기가 수월했다. 자료 수집을 위해 전국을 돌아다닐 필요도 없었다. 도서관의 책과 정보로도 충분히 수집이 가능했다. 이에 비해 세종은 사람들이 실생활에서 사용하는 말소리를 다뤘다. 사람이 관여되어 있기에 자기 마음대로 진행하기 어려웠다. 그만큼 작업은 더딜 수밖에 없었다.

유클리드는 여러 모로 세종보다 더 유리한 조건에 있었다. 그런 여건을 십분 활용한 결과 『원론』을 세상에 내놓을 수 있었다.

뉴턴의 경우도 살펴보자. 뉴턴(1543~1727)은 1687년에 인류의 역사에 영원히 남을 과학책 한 권을 세상에 내놓았다. 『자연철학의 수학적 원리』라는 책으로 『프린키피아』라고 불린다. 이 책에는 그토록 유명한 뉴턴의 자연법칙이 기술되어 있다. 뉴턴의 세 가지 운동법칙과 만유인력의 법칙이다. 이 책은 유클리드가 쓴 『원론』의 형식을 그대로 따랐다. 그가 말하고자 하는 법칙을 논리적으로 제시했다.

『프린키피아』는 뉴턴이 40세가 넘었을 적에 쓰기 시작한 책이다. 이 책은 1684년에 뉴턴이 영국왕립학회에 제출한 짧은 원고에서 발전했다. 그해 핼리(Edmund Halley, 1656~1742)는 (그 유명한 핼리 혜성의 그 핼리다) 자신이 고민하던 행성의 궤도 문제를 뉴턴에게 물었다. 그런데 뉴턴은 너무 쉽게 타원이라고 이야기했다. 알고 보니 뉴턴은 이미 20년 전에 그 문제를 연구하였다. 이 사실을 안 핼리가 출판을 권유해 나온 책이 『프린키피아』다.

쓰기 시작한 것으로만 보면 뉴턴이 이 책을 쓰는 데는 3년 정도 걸렸다. 그리 오랜 시간은 아니다. 그러나 그때는 이미 뉴턴이 학자로서의 역량을 충분히 갖춘 다음이었다. 최고의 학자로서 인정받았으며, 대학에서 교수로서 안정적 지위를 누렸다. 그는 20대 초반에 그의 인생의 향방을 결정지을 중요한 발견을 다 이뤄놓았다.

1669년부터는 수학과 교수로 활동했다. 『프린키피아』가 나오기 거의 20년 전이다. 그는 유클리드의 연역적 체계를 일찌감치 알았고, 그런 방식으로 사고하는 데 익숙했던 사람이었다. 그랬기에 『프린키피아』 같은 책을 3년 만에 쓸 수 있었다.

유클리드나 뉴턴과 비교하면 세종의 상황은 녹록치 않았다. 유클리드에게 다뤄야 할 대상들은 이미 정해져 있기 때문에, 그가 고민할 것은 다룰 내용이 아니었다. 그 내용들을 어떻게 다룰 것인가의 문제였다. 뉴턴의 경우는 반대다. 뉴턴에게는 유클리드가 보여준 연역적 체계의 표준형이 있었다. 그가 해야 할 일은 그런 체계로 표현할 새로운 과학의 법칙을 알아내는 것이었다. 유클리드의 경우 내용은 있었지만, 그 내용을 담을 그릇이 없었다. 뉴턴의 경우는 반대였다. 담을 그릇은 있었지만, 그 안에 담을 내용이 없었다. 그래서 유클리드는 그릇을 고민했고, 뉴턴은 담아낼 내용을 고민했다.

세종에게는 둘 다 없었다. 담아낼 그릇도, 그릇 안에 담길 내용도 없었다. 모두 새로 만들어내야 했다. 제반 여건 면에서 세종은 유클리드나 뉴턴보다 좋지 않았다. 게다가 세종은 왕이었다. 왕이 본연의 역할이자 직업이었다. 학문을 좋아하고, 학문에 소질이 있었지만, 학자가 아닌 왕의 역할에 충실해야 했다. 그만큼 학자로서 일에 집중하기 어려웠다.

연역적 체계를 구축한다는 것, 결코 만만한 일이 아니다. 유클리드나 뉴턴 같은 천재도 상당한 시간을 들여 배우고 익혀야 가능했다. 세종이 창제한 한글이 그들의 성과물과 같은 수준의 체계를 갖춘 것만으로도 우리는 놀라워해야 한다. 규모가 크건 작건 간에, 요구되는 집중도는 동일하다.

세종, 바쁘다. 바빠

세종에게는 시간이 얼마나 많았을까? 유클리드나 뉴턴과 비교하여 세종의 시간을 따져봐야 한다. '세종의 시간'은 한글 창제 작업과 관련하여 중요한 제한조건이다. 능력은 충분했으나 문제는 시간이었다. 그가 한글을 창제할 수 있을 만큼의 시간을 확보할 수 있었느냐가 관건이다. 조선시대 왕의 하루를 살펴보자.

오른쪽 그림은 조선시대 왕의 대략적인 하루일과표다. 조선 초기보다는 후기 왕들의 시간표다. 모든 왕이 매일매일 이 일과표대로 생활하지는 않았겠지만, 충분히 참고할 만하다.

왕은 보통 새벽 5시에 기상했다. 가장 먼저 해야 할 일은 문안 인사였다. 유교적 전통을 계승한 성리학의 나라였기에, 효는 중요했다. 부모에게 인사를 드리고, 자식들에게 인사를 받는 게 첫 일정이었다. 왕은 만백성의 본을 보여야 했다. 직접 인사를 드리지 못한 경우에는 내시를 대신 보냈다.

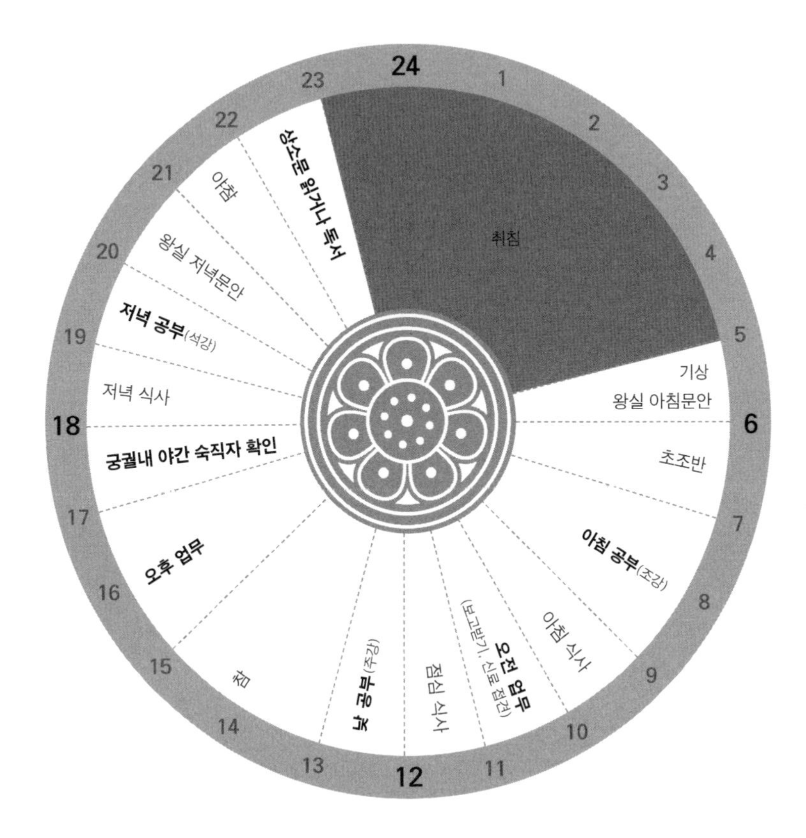
24
1
2
3
4
5
6
7
8
9
10
11
12
13
14
15
16
17
18
19
20
21
22
23
취침
기상
왕실 아침문안
초조반
아침 공부(조강)
아침 식사
오전 업무(보고받기, 신료 접견)
점심 식사
낮 공부(주강)
참
오후 업무
궁궐내 야간 숙직자 확인
저녁 식사
저녁 공부(석강)
왕실 저녁문안
야참
상소문 읽거나 독서

왕의 하루 일과

문안인사가 다 끝나면 새벽 6시경에 죽이나 미음처럼 간단한 음식을 먹었다. 초조반이다. 이 일정이 끝나면 아침 경연에 들어간다. 경연이란 신하들과 함께 경전을 공부하는 자리다. 유교의 중요 경전을 공부할 뿐만 아니라 국가의 정책이나 철학에 대해 왕과 신하가 의견을 서로 교환했다. 신하의 입장에서는 왕을 견제하는 장치이기도 했다.

아침 경연이 끝나면 아침식사를 한다. 아침식사를 마친 후에는 왕의 업무가 본격적으로 시작된다. 신하들과 조회를 한다. 조회를 통해 왕과 신하는 정무를 논하며 나라를 함께 다스려갔다. 참석자가 모두 모일 때도 있었지만, 번거로워 약식으로 진행되기도 했다. 이때는 사관이 함께 참여해 보고 들은 바를 기록했다.

오전 업무를 마치면 점심을 먹은 후 다시 오후 경연에 들어간다. 낮 공부라는 뜻의 주강이라고 한다. 보통 정오를 전후로 시행됐다. 왕들이 가장 자주 참여했던 공부 시간이다. 주강 이후에는 다시 오후 업무가 시작된다. 주로 지방에 파견된 관리들의 문안을 받았다. 지방행정에 관한 보고를 받으며 민원을 처리했다. 이때 관료를 선발하는 일도 이뤄졌다. 이렇게 오후의 일을 마치고 나면 오후 5시경이 된다. 왕의 업무가 공식적으로 종료되는 때다.

왕의 업무가 종료되었다고 해서 왕의 하루가 끝나는 것이 아니다. 이후 저녁 경연에 들어가기도 한다. 저녁 경연 이후에는 저녁을

먹고 휴식을 취한 후 처리하지 못한 업무를 보기도 한다. 그러다가 잠자리에 들 시간이 되면 하루를 마치는 문안인사를 다시 드린다. 그럼으로써 공적인 하루가 끝난다. 그때서야 왕은 자신만의 시간을 가질 수 있다.

왕의 일과를 보면 빽빽하다. 조선시대의 왕은 모든 권력을 가진 초법적 지위를 누렸던 존재였다. 그런 만큼 왕이 직접 처리해야 할 일이 많았다. 그 일이 하도 많아서 '만기(萬機)'라고도 불렀다. 만 가지의 일이라는 뜻이다. 권력이 많은 만큼 왕의 손길이 닿아야 할 곳이 많았다.

게다가 왕은 모든 신하와 백성의 본이 되어야 했다. 백성에게 충, 효, 예와 같은 유교적 덕목을 실천하면서 가르쳐야 하는 위치에 있었다. 모범을 보임으로써 백성을 교화해야 했다. 그렇지 않으면 왕으로서 권위가 서지 않았다. 관료들의 도움을 받아 통치해야 했기에, 왕은 권위를 잃지 않기 위해 노력했다.

하루의 일과뿐만 아니라 1년의 일정도 빽빽하게 짜여 있었다. 농사를 기본으로 하던 시대였기에 24절기에 맞춰 왕의 연간계획도 수립되었다. 농사를 권하고, 농사의 시작을 알리는 의식에 참여하기도 했다. 국가적 차원의 제사에서도 왕은 빠질 수 없었다. 왕이 곧 국가를 대표하는 제사장이었다.

조선시대의 왕은 초법적 지위를 가졌지만, 그렇다고 무소불위의 권력을 함부로 휘두를 수는 없었다. 유교적 이념에 따라 도덕적, 실천적 정당성을 갖춰야 했다. 그런 요구를 통해 신하들은 왕을 견제할 수 있었다. 왕이라고 해서 하고픈 일을 마음대로 할 수 있던 시대가 아니었다.

왕이 유용할 수 있는 시간은 그리 많지 않았다. 사적 시간을 가질 여유가 별로 없었다. 정조가 회심와라는 작은 움집을 마련해 홀로 공부하고 명상했던 이유이기도 하다. 회심와(會心窩)란 마음[心]을 모으는[會] 움집[窩]이란 뜻이었다. 여러 일을 처리하고, 다양한 사람을 만나야 했으니 마음이 산만하고 소란스러워졌다. 마음을 모을 필요가 있었다는 걸 보여준다.

세종은 모범적 군주였다. 왕으로서 최선을 다하고자 했다. 세종은 왕의 하루 일과표를 철저히 지키고자 노력했을 것이 틀림없다. 경연 횟수만 보더라도 그 점을 확인할 수 있다. 세종은 조선의 왕 중에서 경연을 가장 많이 한 3대 왕 중 한 명이다. 총 1,898회에 걸쳐 경연을 개최했는데 월 평균 6.6회에 해당한다. 세종 이전의 왕이었던 태조, 정종, 태종은 각각 23, 36, 80회에 불과했다. 그만큼 열정적인 왕이었다.

세종은 다른 일을 할 시간을 확보하기 어려웠다. 그런 면에서 세종이 한글반포 6, 7년 전에 육조직계체제에서 의정부서사제로 바꾼 사건은 주목할 만하다. 의정부서사제는 삼정승이 합의해 국가의 일을 처리하게 한 제도다. 삼정승의 역할이 더 커지는 반면 왕의 역할은 그만큼 줄어든다. 이런 배경에 세종의 건강문제를 언급하지만, 그것만이 전부는 아니었을 것이다. 시간을 확보하려는 세종의 포석이 아니었을까 싶다.

시간이 결정적 변수

세종, 능력은 출중했지만 시간이 충분치 않았다. 시간은 결코 세종의 편이 아니었다. 한글 창제를 위해 세종은 적극적으로 시간을 만들어야 했다. 최만리의 상소문에는 한글과 관련된 일을 하루라도 빨리 진행하려고 서두르는 세종에 대한 언급이 있다. 궁을 떠나 머무르는 행재에서까지 세종은 일을 하려 했다.

> 저 언문은 국가적인 급한 돌발 사건이어서 기일 내에 꼭 이룩해야 될 일이 아니온데도, 어째서 유독 행재에서까지 이 일에 관한 일을 급히 서두르시어, 상감님 옥체를 조섭해야 될 시기에 괴롭히시나이까?*

게다가 세종은 연역적 체계를 미리 안 것도 아니다. 한글 창제라

* 강신항, 『훈민정음연구』(성균관대학교출판부, 2011), 208쪽.

는 작업을 통해서 그 체계에 접근했다고 봐야 한다. 초행길이었기에 시간은 더 필요했을 것이다. 실패하고 시행착오를 거칠 시간까지 고려해야 했다.

연역적 체계 이전에도 시간이 필요했다

세종에게는 필요한 시간이 하나 더 있어야 했다. 연역적 체계에 입각하여 새 글자를 만들어가기 이전 단계의 시간이다. 새 문자 창제를 고민하고 결심하기까지, 이런저런 방법을 거쳐 연역적 체계에 이르기까지의 시간 말이다.

한글은 한자에 비하면 완전히 다른 문자였다. 이런 전환이 순식간에 일어났을 리 없다. 새 문자를 만들기로 하자마자 한글과 똑같은 방식의 글자를 생각해낸다는 것은 불가능하다. 번개가 치는 데도 시간이 걸리는 법이다. 대전환이 이뤄지기까지는 그만큼의 힘이 들어가야 한다. 그만큼의 힘을 비축할 시간이 필요하다. 시작이 반이란 말이 괜한 속담은 아니다.

세종이 한자의 그늘을 벗어나는 데도 상당한 시간이 소요되었을 것이다. 세종에게 한자는 너무도 당연한 문자였다. 어렵다고 해서 부자연스러운 건 아니다. 익숙해지면 자연스러워지게 마련이다. 지구가 우리를 강력하게 잡아당기지만, 익숙해졌기에 우리는 자연스럽게 살아가지 않는가!

한자를 버리고 새 문자 창제를 결심하기까지 쉽지 않았을 것이다. 위대한 세종이라고 하더라도, 그 또한 중력의 지배를 받으며 살아가는 인간이 아닌가! 기존의 생각과 관성을 버리기까지 지난한 시간이 흘러가야 했다. 한자라는 중력권에서 이탈하기까지 얼마나 많이 튀어 올라가야 했겠는가! 어쩌면 이런 시간이 더 길었을 수도 있다.

문자를 만든다는 건 힘든 일이다

새 문자를 만들어낸다는 것, 참으로 어려운 일인데, 한글 이전에 그런 사례가 있다. 바로 몽고의 문자인 파스파문자다. 그 문자는 1269년에 반포됐다. 그 작업을 주도한 인물은 파스파 라마였다. 그는 7살 때 경서 수십만 언을 능히 외울 줄 알아 성스러운 아이라고 불릴 정도였다. 10살 때 출가하여 불교에 입문한다. 19살 때 원나라의 쿠빌라이 칸의 초청으로 궁전으로 간다.

쿠빌라이 칸은 파스파에게 '최고라마 삼국교왕'이라는 칭호를 하사했다. 1260년에 파스파를 국사로 삼고, 옥인을 하사했다. 그리고 새 몽고문자를 만들라고 명령했다. 이때부터 파스파는 새 문자의 창제 작업에 들어갔다. 파스파는 불경 가운데 자모와 음운에 관한 책들을 모아 독파하고, 주변의 문자 전문가들과 토론했다. 그 결과 1269년에 새 문자를 반포할 수 있게 되었다.

파스파 라마는 뛰어난 능력을 갖춘 인물이었다. 거기에 왕의 후원까지 더해졌다. 그런 제반 여건과 능력, 거기에 충분한 시간이 주어졌기 때문에 그는 새 문자를 만들어낼 수 있었다. 그러고도 그는 9년이란 세월을 쏟아부어야 했다. 그만큼 많은 에너지와 인력, 시간이 투입되어야 하는 일이다.

'보이는 음성'를 만들어냈던 알렉산더 멘빌 벨. 그도 오랜 시간의 경험과 노하우를 쌓은 이후에야 그 문자를 만들어냈다. 그가 이 문자를 처음 선보인 것은 1864년이었다. 이후 그 문자를 발전시켜 1867년에 『보이는 음성』을 내놓았다. 그런데 그는 이 문자를 만들기 이전에 음성학의 권위자인 아버지 밑에서 말소리와 발음하는 방법 등을 공부했다. 1843년부터 1865년까지는 에딘버러대학교에서 관련 분야를 가르쳤다. 그런 경험과 경력을 토대로 보이는 음성이 등장했다.

세종이냐 세종들이냐?

세종 홀로 한글을 창제한다는 건 불가능하다고 추론할 수밖에 없다. 세종 혼자서 만들어냈다는 건 신화다. 그의 업적을 칭송하다 보니 과장된 이야기다. 세종 홀로 할 수 없었고, 협력자가 있어야 가능한 일이다.

세종이 아닌 '세종들'이 한글을 창제했다. 세종의 한글 프로젝트를 지지하며 작업에 함께 참여했던 자들이 있어야 했다. 소리에 대한 감각과 학문적 능력, 실제로 뭔가를 만들어낼 수 있을 실무적 능력을 갖춘 협력자가 있어야만 했다.

그런데 여기서 반드시 짚고 넘어가야 할 역사적 사실 하나가 있다. 세종들이 말소리를 수집했다는 기록은 아직까지 어디에도 없다. 그러나 체계를 볼 때 말소리는 분명히 먼저 확정되어 있어야 했다. 그렇다면 어찌 된 일일까? 말소리 수집의 과정이 있었는데 기록되어 있지 않았거나, 실제로 그런 일이 없었거나 둘 중 하나다.

만약 말소리 수집 과정이 없었다면 어떻게 추측해야 할까? 그럴 필요가 없었기 때문일 것이다. 표현해야 할 말소리의 기초 자료가 있었다는 말이다. 수집하지 않더라도 말소리를 확정할 수 있었던 상황이었기 때문일 것이다.

말소리의 수집 과정이 없었다고 할지라도, 세종들이 한글을 창제했다는 사실에는 변함이 없다. 그 이후의 과정을 생각해보라. 소리를 분석해 분류하고, 종합하며, 글자를 디자인하는 작업도 홀로 해내기는 어렵다. 한글에 적용할 만한 방법을, 다른 문자에서 뽑아오는 것만으로도 방대한 규모다. 그 방법들을 익혀 새로운 글자에 적용하려면, 바쁜 세종을 대신하여 작업을 진행할 사람들이 있어야 했다. 세종들이어야 했다.

세종들은 말소리의 수집 과정이 없이도 이후 작업을 진행해 한글을 만들었다. 어떻게 그런 일이 가능할 수 있었는지 살펴보기로 하자. 그러려면 세종들에 대해서 좀 더 알아야 한다. 결국 일을 성취해낸 사람은 세종들이기에, 그 문제의 열쇠는 세종들에게 있다.

7장

세종들, 조선에 맞는 문물 고안자들

세종들은 누구?

한글을 만들어낸 이는 세종들이었다. 새 글자를 향한 열정어린 가슴, 더욱 좋은 방법을 구상해가는 냉철한 머리, 아이디어를 교환하느라 분주한 입, 자료가 있다면 천리 길도 마다하지 않고 달려가는 튼튼한 발, 책을 가만히 넘기며 확인해가던 꼼꼼한 손을 가진 세종들이었다.

세종들로 꼽을 수 있는 첫 번째 부류는 집현전 학자들이다. 세종이 양성한 학자들로서 연역적 체계인 한글을 만들어내기에 가장 적절한 사람들이다. 정치적으로나 학문적으로 세종을 도와 한글 프로젝트가 완료될 수 있게 한 일등공신들이다. 세종의 가족들 역시 세종을 도왔다. 세종의 첫째 아들이자 세종의 뒤를 이은 문종은 약 30년 동안 세자로 있으면서 세종을 보필하였다. 진양대군과 안평대군은 세종의 명을 받아 중국의 음운학 책을 한글로 번역하는 일에 직접 참여했다. 둘째 딸인 정의공주는 한글이 부딪친 문제를 해결한 것으로도 알려졌다. 이들 외에 세종의 손발이 되어 활동해 준 무명의 사람들 역시 세종들에 포함되어야 한다.

한글 반대파 역시 세종들에 포함되어야 한다. 반대 상소문을 올렸던 최만리가 대표적이다. 그들이 반대했기에 한글 창제는 그들을 빗겨서 추진돼야 했다. 다른 한편으로 한글은 반대파를 품어야 했다. 그들을 의식해서 한글의 방법이나 모양, 철학적 원리를 다듬어야 했다. 그런 의미에서 반대파는 역설적으로 한글을 만들어낸 세종들의 일부였다. 결국 한글은 한글 지지파인 '세종들'과 한글 반대파인 '최만리들'의 합력으로 만들어진 합작품이었다.

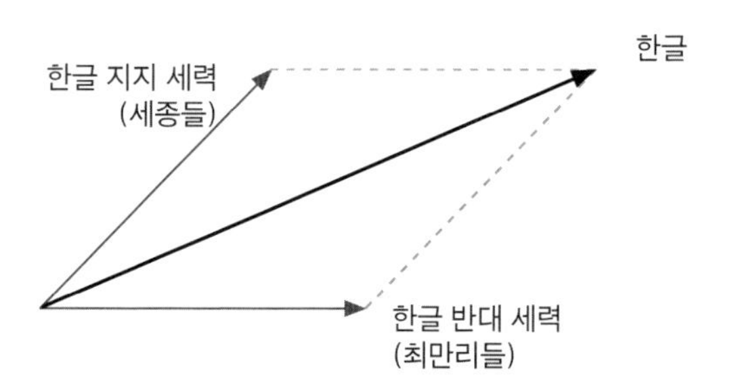

세종들의 스타일

세종들이 어떤 사람들이었는지는 한글과 『훈민정음』을 통해 어느 정도 짐작할 수 있다. 세종들은 매우 엄밀하고 꼼꼼하게 일을 처리했다. 연역적 체계를 만들어낼 수 있을 정도로 충분히 체계적이고 논리적이다. 부분과 전체를 볼 줄 아는 안목도 있다. 성리학에 대한 애정과 관심도 깊다. 그만큼 학문적인 면모도 갖추었다. 한자와 책에 익숙하며, 문물을 만들어내는 데에도 일가견이 있다. 이론뿐만 아니라 실무적 능력도 겸비했다.

연역적 체계를 만들어낸 세종들은 체계만큼이나 체계적으로 작업을 신행했을 것이다. 많은 요소가 결합된 한글이 그렇게 쉽고 편리해진 이유다. 그들은 목표뿐만 아니라 작업 방향과 방식도 분명하게 공유했다. 세종들에게는 나름대로의 작업 스타일이 있었다. 그들의 스타일을 간접적으로나마 알아낼 방법이 있다. 한글과 『훈민정음』 이전의 과거 행적을 살펴보는 것이다.

『훈민정음』 이전에도 세종은 신하들과 여러 가지 일을 진행했다. 책도 많이 발간했다. 그 행적을 살펴보면 어떤 식으로 일했는지, 어떤 방향성을 갖고 있었는지를 짐작할 수 있다. 특히 그들이 펴낸 책을 봐야 한다. 『훈민정음』 또한 그들이 주도했던 편찬 사업의 하나였기 때문이다. 『훈민정음』 이전의 책으로 눈길을 돌려 세종들의 작업 스타일을 찾아보자.

우리 농법서, 『농사직설』(1429)

조선은 농업을 근본으로 하는 사회였기에, 농업을 장려하며 관리하였다. 그런데 기존의 농사 책들은 모두 중국의 것이었다. 15세기에도 이미 중국의 농서가 조선에 들어와 있었다. 원나라 때에 만들어져 조선 태종 때에 번역된 『농상집요(農桑輯要)』다. 이 책은 중국의 기후와 토지에 맞는 중국의 농법을 소개했다. 지역과 풍토가 다른 만큼 조선의 농업에 맞지 않았다. 조선의 실정을 고려한 농업 책이 필요했다.

그래서 세종은 문신인 정초와 변효명에게 명을 내려 만들어졌다. 우리 실정에 맞는 농업책을 만들라는 것이었다. 그리하여 편찬된 농서가 『농사직설(農事直說)』이다. 세종 11년인 1429년에 편찬된 책이다.

이 책의 편찬을 위해 세종은 각 도의 관료들에게 지시했다. 각 지역의 농군들에게 그들이 경험한 농법이나 농사 기술을 직접 물어보라고 했다. 오랫동안 농사를 지어온 사람들의 실제 경험과 지식을 수집하게 했다. 그 결과를 묶고 편집해서 나온 책이 『농사직설』이다.

『농사직설』은 우리 풍토에 맞는 농법을 처음으로 담아놓은 책이다. 전국 8도의 감사에게 337개 주와 현의 농부들을 직접 방문하여 자료를 수집하게 했다. 그 자료를 중앙에 모아 1429년에 편찬했다. 우리말로 된 곡식의 이름은 이두식으로 표기해놓았다. 이 책이 완성되자마자 이듬해부터 책을 전국적으로 보급하였다. 각도의 감사와 주·부·군·현 및 경중(京中)의 2품 이상에게 널리 나누어 주었다. 이 책은 이후에 등장하는 다른 농서의 토대가 되었다. 농사의 기본 방법과 농작물의 종류를 고려해 10개의 항목으로 구성되어 있다.

조선의 약재서, 『향약집성방』(1433)

조선 초기 의술에 이용되던 주요 의학 서적도 중국의 것이었다. 언급되는 약재 또한 중국의 것일 수밖에 없었다. 조선에서 살면서 중국의 약재로 치료해야 하는 이상한 상황이었다. 책과 처방법이 있더라도 약재가 없어 치료하기 어려울 때도 있었다. 우리나라에 맞는 의술과 약재가 필요했다. 이런 노력의 결과 고려 중기에는 『향약구급방』이라는 책이 발간되기도 했다.

향약이란 우리 영토에서 자란 우리의 약초를 말한다. 조선 초에 들어서면서 향약에 대한 관심은 더 높아졌다. 우리 민족 고유의 의술을 발전시키고, 쉽고 값싸게 구입할 수 있는 약재의 개발이 요청

되었다. 세종은 이 사업을 본격적으로 추진한다.

세종은 약재를 감독하고 교육하는 관청을 정비했다. 국내의 산지 조사를 통해, 중국 의서에 적힌 약재가 국내에서 생산되는지 확인했다. 국내에서 생산되는 약재의 효능이 중국의 약재와 같은지도 확인했다. 확인을 위해 관리를 중국에 파견하기도 했다. 우리나라에 부족한 약재는 중국에서 들여오도록 하면서, 우리나라의 약재 개발을 독려했다.

그 결과 1431년에는 향약의 채취 시기와 특징을 보급하기 위해 『향약채취월령(鄕藥採取月令)』을, 1432년에는 향약재의 분포 실태를 조사한 『신찬팔도지리지(新撰八道地理志)』를 간행했다. 그리고 1433년에는 고려 및 조선의 향약 의학을 집대성한 『향약집성방(鄕藥集成方)』을 완성했다. 1431년 가을에 집현전 직제학 유효통, 전의감정 노중례, 동부정 박윤덕에게 편찬을 명한 지 2년이 걸렸다.

『향약집성방』을 위해 참고한 문헌은 160여 종이나 된다. 중국의 책을 근간으로 하여, 우리나라 고유의 책까지 총망라하였다. 이 책은 959종의 병에 대한 증상과 10,706종의 방문, 1416조의 침구법, 향약본초, 포제법 등을 포함한 85권에 달하는 종합 의학서다. 모든 질병을 57대 강문으로 나누고, 그 아래 959조의 소목을 나누고, 각

강문과 조목에 해당하는 병론과 방약을 제시했다.[*] 일반 가정에서 응급 시에 활용할 수 있는 가정 상비 의약서로 쓰일 수 있게 했다. 가정에서 사용하기 편하도록 약재의 수를 가급적 적게 하였다.

유교를 통한 백성의 교화, 『삼강행실도』(1434)

세종 10년인 1428년에 끔찍한 살인사건이 일어났다. 진주에서 사는 김화라는 사람이 그의 아버지를 살해하는 반인륜적인 일이 벌어졌다. 유교를 통해 백성을 교화하고 풍속을 안정시키려 했던 세종의 기대와는 정반대되는 사건이었다. 세종은 이 사건을 심각하게 받아들였다. 백성들을 어떻게 교화하고 가르쳐야 할지 방안을 모색했고, 그 방법의 하나로 발간된 책이 『삼강행실도(三綱行實圖)』다. 직제학 설순 등이 세종의 명을 받아 『훈민정음』이 발간되기 10여 년 전인 1434년에 편찬했다.

『삼강행실도』는 유교적 가르침에 따라 백성을 교화하기 위한 책이었다. 삼강은 군위신강(君爲臣綱)·부위자강(父爲子綱)·부위부강(夫爲婦綱)으로 유교에서 중요하게 여겨지던 덕목이었다. 세종은 삼강의 덕목을 잘 실천한 인물이라고 할 수 있는 효자, 충신, 열녀

* 박현모 외, 『세종의 서재』(서해문집, 2016), 114쪽.

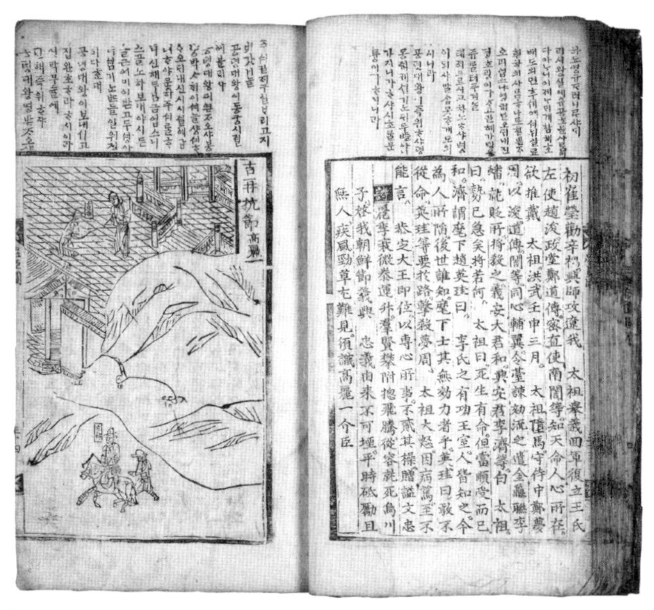

『삼강행실도(三綱行實圖)』. (국립중앙박물관 소장)

의 사례를 모았다. 백성이 쉽게 알아볼 수 있게 그림을 활용했다. 각 사례를 표현하는 그림을 실었고, 그림 뒷면에 그들의 행적과 그 행적을 찬미하는 글을 적었다.

『삼강행실도』를 만들기 위해 세종은 『고금열녀전』, 『오륜서』, 『효순사실』 같은 중국의 책을 참고했다. 거기에 고려시대 때 만들어진, 효자들의 전기인 『효행록』까지 포함시켜 사례를 모았다. 기존의 중국 책에는 내용 면에서 수용하기 어려운 점이 있어, 백성을 교화하는 형식은 가져다 쓰되 책을 다시 만들게 하였다. 효자, 충신, 열녀 각각 110명씩을 선정해 그림과 글을 수록했다. 그중에는 한국인도 포함되어 있었다. 그러나 중국인이 더 많았다. 효자의 경우 중국인이 89명 한국인이 23명이었다.*

정치의 교본, 『치평요람』(1445)

세종은 역사의 중요성을 인식해, 중국이나 우리나라의 역사 중에서 정치의 귀감이 될 만한 사실을 간추린 책을 편찬하게 했다. 1441년 정인지에게 명한 일이었다. 정인지와 집현전학자들이 과를 나누어 작업에 들어가 1445년에 완성했다. 중국 역사는 수나라에서부터 원나라까지를, 우리나라의 역사는 기자조선에서 고려까지 다뤘다. 150권에 이를 정도로 내용이 워낙 방대해 쉽게 간행되지 못하다가 중종 때인 1516년에야 비로소 간행되었다.

『치평요람(治平要覽)』의 권 1부터 권 147까지는 중국 역대 왕조의 사적을 다룬다. 국가의 흥폐(興廢), 군신의 사정(邪正), 정교(政教)의 장부(臧否), 풍속의 오륭(汚隆), 외환(外患), 윤리 등 각 방면에 걸쳐 상고할 만한 사실을 담고 있다. 권 147부터 150까지는 우리나라

* 박현모 외, 『세종의 서재』, 서해문집, 2016년, 40쪽.

의 역사다. 이 책의 편찬을 위해서 중국과 우리나라의 많은 책을 참고했다.

조선 악보의 정리, 『세종실록악보』(1430, 1447)

세종실록에 수록되어 있는 악보를 묶어서 부르는 말이다. 국가의 의례나 행사 때 사용할 음악, 조선의 건국과 통치를 찬미하는 음악을 기록해놓았다. 인쇄와 간행은 세종 이후에 되었지만 실질적인 작업은 세종의 재위 기간에 이루어졌다. 매우 과학적이고 합리적인 방식으로 음악을 기록해놓은, 현전하는 가장 오래된 악보다.

『세종실록악보(世宗實錄樂譜)』에 수록된 악보는 세 갈래의 악곡으로 구성되었다. 1430년 12월에 완성된 『아악보』와 1447년에 완성된 『신악보』 10권이다. 『시용속악보』 1권도 『신악보』와 함께 만들어졌는데 전해지지 않고 있다.

세종은 1425년부터 1430년까지 5년에 걸쳐 아악을 정비했다. 음악 이론을 연구하고, 편경이나 편종 같은 악기도 제작했다. 아악이란 중국 전래의 음악으로, 『아악보』에는 중국의 음악을 수록해놓았다. 제례악 144곡과 연향악 312곡 그리고 악곡의 원전인 중국의 『풍아십이보』와 『석전악보』가 담겨 있다. 음이나 음의 높이를 문자로 표기하는 중국의 방법을 참고했다. 궁, 상, 각, 치, 우의 오음

致和平譜上 歌辭全用龍飛御天歌

一

世宗實錄卷一百四十

九

『세종실록악보』 권140의 치화평보(致和平譜)

체계를 덧붙이는 새로운 방식을 사용했다.

신악은 조선에서 만든 음악으로, 『신악보』에는 주로 조선의 건국이나 왕조의 이야기 등을 다룬 신악이 수록되어 있다. 조선 이전의 우리나라 음악인 향악의 선율도 흡수하면서, 조선의 풍토에 맞는 새 음악을 만들고, 기록했다.

신악은 조선 초부터 발표되어 왔다. 세종은 이 노래들을 『시경』의 아악 선율에 얹어서 불렀다. 세종은 우리나라의 음악이 중국의 음악과 비교하여 부끄러워할 게 없다고 말하기도 했다. 세종이 직접 음악을 만들고, 실험했다는 기록도 있다.

> 임금은 음률을 깊이 깨닫고 계셨다. 신악의 절주는 모두 임금이 제정했는데, 막대기를 짚고 땅을 치는 것으로 음절을 삼아 하룻저녁에 제정했다. 수양대군 이유 역시 성악에 통했으며, 명하여 그 일을 관장하도록 하니 기생 수십 인을 데리고 가끔 궁중에서 이를 익혔다.(『세종실록』 31년 12월 11일)*

신악의 제정 과정에서 새롭게 등장한 기보법이 있다. 정간보다. 음의 길이가 다른 글자를 기록하기 위해 만들어졌다. 우물 정(井)으로 나눈 칸에다가 수량으로 음의 길이를 표시한다. 한 칸이 음 길이의 단위가 된다. 거기에는 음의 높이를 말해주는 음 이름의 첫 글자를 적어 넣었다.

중국을 발판 삼아, 조선을 세우려 했다

5권의 책을 살펴봤다. 모두 1446년에 발간된 『훈민정음』 이전의 책들이다. 농법, 의술, 역사, 풍속, 음악 등을 다룬다. 조선 땅에서

* 박현모 외, 『세종의 서재』(서해문집, 2016), 70쪽.

책	참여자
『농사직설』(1429)	정초(집현전), 변효문
『향약집성방』(1433)	유효통(집현전), 노중례, 박윤덕, 권채
『삼강행실도』(1434)	설순(집현전)
『치평요람』(1445)	정인지와 집현전 학자들
『세종실록악보』(1430)	박연(아악보), 세종+수양대군+미상(신악보)

살아가는 백성들의 생활에 밀접하게 관련된 주제들이다.

책을 만드는 데 참여한 사람은 집현전 학자와 해당 분야의 전문가라 할 만한 문신이나 학자들이다. 이들 중 정인지만이 『훈민정음』을 만드는 데 참여했다. 그렇지만 이 책들을 통해 세종과 신하들, 특히 집현전 학자들이 어떤 방식으로 일했는지 어느 정도 가늠할 수 있다.

모든 사업은 세종의 명을 통해 시작되었다. 신하가 먼저 건의했더라도 세종이 그 건의를 받아들이면서 사업은 시작되었다. 그렇다고 세종은 지시만 하지 않았다. 필요하다면 직접 참여했다. 음악을 만들고, 소리를 들으며 악기를 확인하고, 악보 표기법도 고안했다. 사업의 시작에서 끝까지 세종은 사업을 주도하고 확인했다. 신하들은 세종의 말과 몸짓, 속도에 보조를 맞추며 일을 진행시켜갔다.

세종은 철저히 조선의 실정에 맞는 문물을 만들어내는 데 목표를 두었다. 조선 사람들이 사용할 제도와 기술이기에, 조선의 풍토에 맞아야 했다. 세종은 이 점을 확실하게 알았다. 자주의식이 뚜렷했다. 조선의 농법, 조선의 음악, 조선의 약재를 만들고자 했다. 현장의 농부들로부터 농법에 관한 정보를 얻었고, 우리 조선 땅에서 자라나는 약초를 찾고 발굴했다. 문자를 모르는 백성을 위해 『삼강행실도』의 내용을 그림으로도 표현했다. 악기와 악보 표기법을 만들어 우리나라의 노래를 얹어 불렀다. 세종의 눈은 명확하게 조선을 향했다.

조선에 맞는 문물을 만들기 위해 세종은 항상 자료를 모으고 참고했다. 먼저 기존 자료를 모아서 철저히 살펴봤다. 책이 주로 활용되었다. 자료가 없다면 직접 뛰어다니게 했다. 조선의 농법 정보를 얻기 위해 조선의 산하를 찾아다니라 했고, 조선의 약재를 찾기 위해 조선의 풍토를 살피라 했다. 세종은 기존 자료와 도움을 최대한 활용하려 했다.

세종은 중국의 자료를 적극적으로 참고해 조선의 실정에 맞는 것을 만들고자 했다. 『농사직설』, 『향약집성방』, 『삼강행실도』, 『치평요람』, 『세종실록악보』를 만든 이유는 중국을 버리려는 게 아니었다. 중국의 것이 조선에 맞지 않기 때문이었다.

책을 매개로 일을 추진했다는 점도 세종의 중요한 특징이다. 특히 세종은 책을 통해 많은 정보를 얻고, 책을 통해 외부와 소통했다. 궁궐에 있어야 하는 왕으로서 한계를 책으로 극복해나갔다. 책을 두루두루 섭렵했고, 활동결과를 책으로 남겼다. 그가 움직이는 여정에는 늘 책이 따라다녔다.

세종은 책으로 시작해서 책으로 마무리 지었다. 중국의 책으로부터 시작해 조선의 책을 만들어냄으로써 일을 마쳤다. 세종은 그렇게 움직였다. 자료가 되는 책을 모으고, 책으로 자료를 남겼다. 『훈민정음』 역시 그런 활동의 결과물이었을 것이다.

『훈민정음』 이전의 책들이 보여주는 세종의 스타일은 곧 세종들의 스타일이다. 세종들은 한 몸이 되어 세종처럼 움직이며 활동했을 것이다.

한글, 한자와 어떤 관계였을까?

조선에 맞는 문물을 찾고 만들어내기 위해 중국의 자료와 방법을 철저히 연구하고 활용했던 세종들! 그들은 조선에서 출발해, 중국을 거쳐, 다시금 조선으로 돌아왔다. 한글 역시 그러한 패턴을 거쳐 발명된 문자이지 않았을까? 그 노정의 종점이 『훈민정음』이지 않았을까?

만약 그렇다면, 한글은 한자와 전혀 무관한 글자가 아니었을 것이다. 세종들의 패턴을 고려한다면, 한글은 한자를 거스르는 문자가 아니었다. 그건 세종들의 스타일이 아니다. 어떤 식으로든 한글은 한자와 관련이 있었다.

8장

▲

한글, 한자의 어깨 위에 서 있다

한글은 한자와 많이 닮아 있다. 네모꼴의 글자, 직선과 원 위주의 글사, 위에서 아래로 왼쪽에서 오른쪽으로 써내려가는 방식, 모양을 본뜬 기본 글자와 기본 글자를 조합해 만든 확장자 등에서 유사성을 확인할 수 있다. 한글은 한자에서 그러한 방법을 차용했기 때문이다.

세종들은 한글의 철학적 원리마저 중국 성리학의 음양오행 원리로 만들었다. 한글은 이렇듯 한자와 긴밀하게 연결되어 있다. 그래서인지 한글에는 한자음을 표기하기 위한 글자도 있다. 한자와 한글은 그렇게 겹쳐 있다.

한자음을 적기 위한 글자: 각자병서

초성 17자에는 포함되지 않았지만 『훈민정음』에는 'ㄲ, ㄸ, ㅃ, ㅉ, ㅆ, ㆅ'이 있다. 각자병서라고 해서, 같은 자음을 연이어 붙여서 만들어진 글자다. 이 글자를 우리는 지금도 사용한다. 바로 된소리를 표기할 때다. 그러나 한글이 창제되던 당시에 된소리는 이렇게 표기하지 않았다. 'ㅺ, ㅼ, ㅽ, ㅾ, ㅳ'처럼 ㅅ이나 ㅂ을 앞에 붙여 된소리를 표현했다.

우리가 지금 된소리를 표기하기 위해 사용되는 'ㄲ, ㄸ, ㅃ, ㅉ, ㅆ, ㆅ'은 15세기 당대에 다른 용도로 사용되었다. 그것은 한자의 발음을 표기하기 위한 것이었다. 실제 사례를 보자.

> 나·랏:말ᄊᆞ·미 中듕國·귁·에 달·아 文문字·ᄍᆞᆼ·와·로 서르 ᄉᆞᄆᆞᆺ·디 아·니ᄒᆞᆯ·ᄊᆡ ·이런 젼·ᄎᆞ·로 어·린 百·ᄇᆡᆨ 姓·셩·이 니르·고·져 ·호ᇙ·배 이·셔·도 ᄆᆞ·ᄎᆞᆷ:내 제 ·ᄠᅳ·들 시·러 펴·디 :몯ᄒᆞᇙ ·노·미 하·니·라. ·내 ·이·ᄅᆞᆯ 爲·윙·ᄒᆞ·야 :어엿·비 너·겨 ·새·로 ·스·믈 여·듧字·ᄍᆞᆼ·ᄅᆞᆯ ᄆᆡᇰ·ᄀᆞ노·니 :사ᄅᆞᆷ:마·다 :ᄒᆡ·ᅇᅧ :수·ᄫᅵ 니·겨 ·날·로 ·ᄡᅮ·메 便뼌安한·킈 ᄒᆞ·고·져 ᄒᆞᇙ ᄯᆞᄅᆞ·미니·라.

『훈민정음언해본』의 시작 부분이다. 한자와 우리말을 섞어 「세종의 서문」을 번역하고 있다. 각자병서로 만들어진 글자가 한자에 사용되고 있다.

文字의 '짜'와 便의 '뺀'이 그렇게 표기되어 있다. 반면 위의 'ᄠ들', 'ᄡᅮ메'처럼 우리말의 된소리에 해당하는 글자들에는 'ㅅ'이나 'ㅂ'을 앞에 붙여 썼다. 각자병서로 만들어진 글자들은, 우리말에는 없고 중국어에는 있는 전탁음, 즉 유성음을 표기하는 데 쓰였다. 한자음을 위해 고안된 글자들이었던 것이다.*

한자음을 적기 위한 글자: 치두음, 정치음

한자음의 표기를 위해 고안된 글자는 또 있다. 순경음 4개(ㅸ, ㆄ, ㅹ, ㅱ)과 치음에서 구분되는 치두음과 정치음이다. 언해본에는 치음에 대해 적으며, 한자음 표기의 경우라고 전제한다.

> 한음의 잇소리는 치두와 정치에 구분이 있으니
> ᅎ ᅔ ᅏ ᄼ ᄽ 글자는 치두에 쓰고
> ᅐ ᅕ ᅑ ᄾ ᄿ 글자는 정치두에 쓰나니
>
> 漢音齒聲은 有齒頭正齒之別ᄒᆞ니

* 최정봉·시정곤·박영춘, 『한글에 대해 알아야 할 모든 것』(책과 함께, 2008), 215쪽.

ᅎ ᅔ ᅏ ᄼ ᄽ ᄍᆞᆼᄂᆞᆫ用於齒頭ᄒᆞ고

ᅐ ᅕ ᅑ ᄾ ᄿ ᄍᆞᆼᄂᆞᆫ用於正齒頭ᄒᆞᄂᆞ니*

한글은 한자를 의식했다

15세기에 창제된 한글에는 한자음만을 표기하기 위한 전용글자도 있었다. 조선의 말소리만 옮겨 적으려 한 글자가 아니다. 한글은 한자음을 의식하거나 고려했다.

종성에 아무것도 없을 때의 한자와 우리말 표기법도 다르다. 한자의 경우 종성에 음가가 없을 때는 'ㅇ'이 표기되어 있다. 한자음은 한 음절을 철저하게 3개 소리의 합으로 적었다. 그러나 우리말의 경우에는 아무것도 적지 않았다. 초성, 중성, 종성이 합하여 소리를 이룬다는 원칙은 한자에서 철저히 적용되었다.

한글의 말소리, 조선의 한자음과 같다

그런데 한글의 초성 자음과 완벽하게 일치하는 말소리가 있다. 한글의 음가와 동일한 음가를 가진 소리들이 있다. 『동국정운』은 『훈

* 최정봉·시정곤·박영춘, 『한글에 대해 알아야 할 모든 것』(책과 함께, 2008), 216쪽.

민정음』의 초성 23자와 똑같은 초성 글자를 사용한다. 기본 글자 17자에 각자병서 6개를 더해서 23개다.

『동국정운』은 『훈민정음』이 나온 지 2년 후인 1448년에 간행된 우리나라 최초의 음운학 책이다. 이 책은 한글이 창제되자마자 세종이 명하여 시작된 사업이 결실을 거둬 나온 책이다. 중국의 음운학 책인 운회를 번역하라는 사업이었다.

이 책의 목적은 당시에 혼란스러워졌던 우리나라의 한자음을 바로잡으려는 것이었다. 당시 중국의 패권은 원나라에서 명나라로 넘어간 상태였다. 명나라는 원나라의 잔재를 지우고자 노력했다. 원나라에서 변형된 한자음도 바로잡으려 했다. 그런데 조선에는 아직 원나라의 잔재가 남아 있어 중국의 한자음과 차이가 많았다. 직접 의사소통을 할 수 없을 정도였다.

세종은 우리나라에서 사용하는 한자의 표준음을 정해 한자음을 통일하려고 했다. 그 결과물이 『동국정운(東國正韻)』이었다. '동국'은 우리나라를, '정운'은 한자의 바른 음을 뜻한다. 이를 위해 사용된 초성 자음이 『훈민정음』에서 제시한 23개의 초성체계와 정확하게 같다.

『훈민정음』과 『동국정운』 사이의 유사성은 책을 편찬한 사람들에서도 보인다. 두 책의 편찬자들이 거의 같다. 『훈민정음』 편찬사업에는 8명이 참여하였는데, 그중 6명이 『동국정운』의 편찬사업에도 참여했다.[*] (『동국정운』의 편찬자는 모두 9명이었다.) 게다가 두 책의 편찬시기 역시 거의 일치한다. 한글이 만들어진 다음 두 책의 편찬 사업은 시작되었다. 한글의 창제목적과 두 책이 그만큼 연결되어 있다는 뜻이다.

『훈민정음』과 『동국정운』의 초성체계가 일치한다는 것은 무엇을 말하는 것일까? 한글이 한자음과 깊게 관련되었다는 점을 보여주는 것이다. 한글은 한자를 의식해서 만들어진 글자였다. 어찌 보면 당연한 것이다. 당대 한자는 우리말을 구성하는 중요한 요소였다. 그렇기에 한글을 만들면서 한자를 의식하는 것은 자연스러운 현상이다.

한글의 소리 분류, 한자와 똑같다

한글은 자음을 크게는 다섯, 작게는 일곱 개로 구분했다. 어금닛소리(아음), 혓소리(설음), 입술소리(순음), 잇소리(치음), 목구멍소리(후음), 반혓소리(반설음), 반잇소리(반치음). 그리고 각 그룹의 소리들은 음의 성질에 따라 네 개의 소리로 나뉜다. 무기무성자음인 전청, 유기무성자음인 차청, 무기유성자음인 전탁, 반청반탁이라고도 하는

* 최정봉·시정곤·박영춘, 『한글에 대해 알아야 할 모든 것』(책과 함께, 2008), 118쪽.

불청불탁.

그런데 이 분류는 중국의 자음 분류 기준과 똑같다. 1375년 명나라에서 『홍무정운(洪武正韻)』이라는 음운학 책이 나왔다. 명나라의 태조는 800년이나 통용되던 음운 체계를 북경의 음운을 표준으로 하여 정비했다. 이 책의 서문에서는 아래처럼 소리를 분류한 구절이 나온다.

> 사람이 생겨나면 '성(聲)'이 있고, 성이 있으면 '칠음(七音)'이 갖추어진다. 이른바 칠음이라는 것은, 아 · 설 · 순 · 치 · 후와 반설 · 반치인데 지자(智者)가 이를 살펴서 청탁으로 나누고, 궁 · 상 · 각 · 치 · 우와 반상 · 반치를 정하면 천하의 음이 모두 여기에 있게 된다. 그런즉 음이란 운서의 시초로구나!"*

『훈민정음』이 나오기 60여 년 전에 쓰인 책이다. 한자의 칠음 분류는 『훈민정음』에서 제시한 한글의 분류와 같다. 사실 이 분류는 중국에서 더 오래 전에 만들어져 있었다. 구체적으로 살펴보면 다음 쪽의 표와 같다.

* 강신항, 『훈민정음연구』(성균관대학교출판부, 2011), 33쪽.

칠음	아음	설음		(순음)		(치음)		후음	반설	반치
		설두음	설상음	순중음	순경음	치두음	정치음			
전청	見ㄱ	端ㄷ	知ṭ	幇ㅂ	非ㅸ	精ㅈ	照ㅈ	影ㆆ		
차청	溪ㅋ	透ㅌ	撤ṭh	滂ㅍ	敷ㆄ	清ㅊ	穿ㅊ	曉ㅎ		
전탁	群ㄲ	定ㄸ	澄ḍ	並ㅃ	奉ㅹ	徒ㅉ	牀ㅉ	匣ㆅ		
불청불탁	疑ㆁ	泥ㄴ	孃ṇ	明ㅁ	微ㅱ			喩ㅇ	來ㄹ	日ㅿ
전청						心ㅅ	審ㅅ			
전탁						邪ㅆ	禪ㅆ			

중국 36자모표

칠음	아음	설음	순음	치음	후음	반설	반치
전청	君ㄱ	斗ㄷ	彆ㅂ	卽ㅈ	挹ㆆ		
차청	快ㅋ	呑ㅌ	漂ㅍ	侵ㅊ	虛ㅎ		
전탁	虯ㄲ	覃ㄸ	步ㅃ	慈ㅉ	洪ㆅ		
불청불탁	業ㆁ	那ㄴ	彌ㅁ		欲ㅇ	閭ㄹ	穰ㅿ
전청				戌ㅅ			
전탁				邪ㅆ			

훈민정음 23자모표

자음을 분류한 중국 36자모표와 한글의 23자모표다.[*] 글자 수는 다르지만, 소리의 분류 기준은 같다. 중국의 36자모표를 기본으로 하여 우리나라 실정에 맞게 조정한 것이 훈민정음 23자모표다. 한글은 그만큼 한자와 연결되어 있었다.

한글, 중국의 음운학을 근거로 만들어졌다

세종들은 한자를 염두에 두고 한글을 만들었다. 그것은 확실하다. 한글과 한자의 유사성은 한자를 의식했던 결과다. 세종은 한자를, 한자와 관련된 음운학을 잘 알았다. 세종이 중국의 음운학을 공부해, 한글을 만들었다는 기록도 있다. 중국의 『홍무정운』이라는 책을 번역하도록 지시해서 나온 책 『홍무정운역훈』에는 신숙주가 쓴 서문이 있다. 거기에 관련 기록이 있다.

> 우리 세종대왕께서는 운학을 연구하여 훈민정음 약간 자를 창제하시니 사방 만물의 소리를 모두 적을 수 있게 되었습니다. 이에 세종대왕께서는 그 동안 어음이 통하지 않아 중국과 외교관계를 유지하는데 크게 불편을 겪었던 일을 생각하시어 새 문자로 『홍무정운』을 번

* 강신항, 『훈민정음연구』(성균관대학교출판부, 2011), 93쪽.

역하도록 명하셨습니다.*

세종과 함께 작업했던 학자들도 당연히 음운학을 공부했을 것이다. 그러다 보니 중국 책에서 사용되던 표현이 세종 대에 만들어진 책에서 비슷하게 사용되기도 했다. 일종의 표절인 셈이다. 중국의 정초(1104~1162)가 쓴 『칠음략』의 서문과 『훈민정음해례본』의 정인지가 쓴 서문에는 글자가 너무 우수해 모든 소리를 옮겨 적는다면서 예를 든다. 그런데 그 예가 거의 똑같다.

> 칠음의 운에 관한 지식은 서역에서 생겨서 중국에 전해 들어왔다. …… 중국 승(僧)이 이를 따라서 정하되 삼십육으로 자모를 삼으니 중·경·청탁이 그 차서를 잃지 않고 천지만물의 소리가 갖추어져 있어서 학 울음소리, 바람 소리, 닭 울음소리, 개 짖는 소리, 천둥번개가 우지끈 뚝딱하고 모기나 등에가 귀를 스쳐 가더라도 모두 다 옮겨 적을 만하거늘, 하물며 사람의 말은 말하여 무엇하리?(『칠음략』 서문에서)†

비록 바람소리, 학 울음소리, 닭 울음소리, 개 짖는 소리라도 다 표

* 강신항, 『훈민정음연구』(성균관대학교출판부, 2011), 47쪽.

† 같은 책, 32쪽.

기할 만하다.(「정인지의 서문」에서)*

한글은 한자의 어깨 위에 서 있었다

한글은 한자의 어깨 위에 서 있었다. 한자의 도움만 받은 것이 아니라, 아예 한자를 품었다. 한자를 무시하고 독립적으로 만들어진 글자가 아니다. 중국의 것을 참고해 조선의 실정에 맞는 문물을 만들려고 했던 세종들의 패턴을 여기에서도 찾아볼 수 있다.

한글은 한자와 일정한 관계 속에서 만들어졌다. 한자와 한글의 지위가 달랐기에, 세종에게는 한글이 불온하거나 부당하지 않았다. 한자와는 별도로 한글이 필요했을 뿐이고, 그게 더 조선의 실정에 맞는 처사였다. 그래서 세종들은 한글을 만들어내는데, 소리나 문자에 대한 중국의 지식을 기꺼이 활용했다. 한자뿐만 아니라 몽고문자, 일본문자도 거리낌 없이 참고했다.

다른 문자의 기존 자료는 세종들이 한글을 창제하는 데 엄청난 도움을 줬을 것이다. 오히려 그게 없었다면 시간이 부족한 세종들로서는 한글을 창제해내지 못했을 수도 있다. 세종들은 기존 자료를 참고하되 뺄 것은 빼고 덧붙일 것은 덧붙였다. 그들의 목적에 딱

* 강신항, 『훈민정음연구』(성균관대학교출판부, 2011), 33쪽.

맞는 문자를 만들어내기 위해서였다. 그 과정에서 세종들이 고안한 신의 한수가 연역적 체계였다.

세종들, 말소리를 수집할 필요가 없었다

한글이 한자의 어깨 위에 서 있던 글자였다는 점을 말소리 수집 과정이 없었다는 사실과 연결해보자.

한자에는 이미 소리와 글자에 대한 축적된 지식이 있었다. 소리에 대한 분류기준인 사성칠음과 구체적인 소리인 36자모표가 있었다. 그런 자료를 앞에 두고 굳이 고생길을 택할 세종들이 아니었다. 그 자료를 참고하되, 조선의 실정과 창제목적에 맞게 수정하면 될 일이었다. 36자모표를 기본 자료 삼아 조선에 있는 소리와 없는 소리를 비교하면서 정리하면 될 일이었다. 그 결과가 23자모였다.

세종들은 중국의 음운학이라는 사다리를 올라타고 한글의 세계로 진입해버렸다. 그렇기에 조선의 말소리를 일일이 수집할 필요가 없었다.

부록

한글 속의 수학 원리

한글 창제는 없던 문자를 만들어내는 작업이었다. 세종들은 쉽고 편하며 정확한 새 문자를 만들어내려 했다. 존재하는 대상을 탐구하는 과학적 관점보다는, 정교하고 엄밀한 아이디어를 구축하는 수학적 관점이 더 요구되었다. 기존 자료를 조사하고 분석할 때도 과학적 태도가 필요했지만, 한글 창제 전반을 관통하는 건 수학이었다. 엄밀하고 규칙적인 새 문자를 만들고자 했기 때문이다.

참으로 수학적인 한글, 이렇게 말하는 것이 더 타당하다. 그런데 세종들은 지금 우리가 배우는 것만큼 수학을 많이 배우지 않았다. 그렇지만 그들에게는 수학이라는 나무를 자라게 하는 엄밀함이라는 토양이 충분했다. 그랬기에 그들의 손길을 통해 만들어진 한글에는 수학적 원리가 많이 포함되어 있다. 정말이다.

한글, 세종들이 풀어낸 고차연립방정식의 해답

한글은 세종이 풀어낸 문제의 해답이었다. 그 문제란 새 문자를 만들어내는 것이었다. 이 문제에는 조건이 있었다. 중국과 성리학의 가르침을 토대로 하되, 조선의 풍토와 사회적 요구를 최대한 만족하는 글자여야 했다. 중요한 조건 몇 가지를 정리해보자.

- 말소리를 정확하게 표기할 수 있어야 했다.
- 쉽고 간결해야 했다.
- 글자의 모양은 네모꼴이어야 했다.
- 성리학을 바탕으로 해야 했다.
- 음소가 결합하여 음절이 되는 소리글자여야 했다.
- 한자의 기본원리를 따라야 했다. 상형 후 합성.

이 조건들은 세종이 풀어야 할 문제의 중요한 변수들이었다. 각 변수는 다른 변수에 영향을 미친다. 중국과 한자를 바탕으로 할수록 자칫하면 더 어렵고 불편한 글자이기 쉽다. 쉽고 간결하게 하다 보면 의도했던 글자로서 기능이 약해질 수 있다. 성리학을 바탕으로 할수록 실용적이지 않을 우려가 있다. 서로가 서로에게 영향을 미치며 맞물려 있다. 그래서 어려웠다.

새 문자 창제는 수학의 방정식 문제와 같다. 주어진 조건을 만족하는 최적의 해를 찾아내는 방정식. 새로운 문자가 지녀야 할 조건은 방정식에 포함되는 변수다. 조건을 고려할수록 변수의 개수는 늘어난다. 변수가 많아질수록 방정식은 어려워진다.

한글은 세종들이 풀어낸 방정식의 답이었다. 여러 개의 변수로 구성된 고차연립방정식이었다. 일반적 수준으로는 풀 수 없었다. 문제가 특별하고 복잡한 만큼 엄밀하고 정교한 태도가 필요했다. 세종들은 요구되는 수준만큼 엄밀성을 발휘했다. 결국 그 문제를 풀어내 답을 구했다. 그게 한글이었다.

소리의 분류, 집합

소리글자인 한글의 첫 작업은 소리의 분석이었다. 어떤 소리가 있는지를 알아내야 거기에 맞는 글자를 만들어낼 수 있었다. 이 작업의 목표는 간단하다. 모든 소리를 빠짐없이 알아내되, 소리가 중복돼서는 안 된다.

세종들은 소리를 몇 개의 그룹으로 구분했다. 같은 계통의 소리는 같은 그룹으로, 다른 계통의 소리는 다른 그룹으로 묶었다. 한 그룹 안에서는 소리가 중복되거나 빠지지 않게 했다. 자음은 자음끼리, 모음은 모음끼리 묶었다.

소리

자음: 아음, 순음, 설음, 치음, 후음

모음: 기본 소리, 초출음, 재출음

소리의 분류는 수학의 집합 개념과 완전히 일치한다. 집합이란 공통된 성질을 갖는 원소들의 모임이다. 공통된 성질의 원소끼리는 같은 집합으로, 다른 성질의 원소는 다른 집합으로 묶인다. 세종들은 소리를 모아 그 모든 소리를 몇 개의 집합으로 나눴다. 분류에만 집합의 원리가 적용된 게 아니다. 집합의 원소를 찾는 데도 집합의 원리가 적용되었다. 집합론에서는 원소를 찾을 때 지켜야 할 규칙이 있다. 집합의 정의에 맞는 원소여야 하고, 원소는 중복되거나 빠져서는 안 된다. 중복되는 원소는 하나로 취급된다.

세종들은 소리를 초성, 중성, 종성으로 구분했다. 그러나 초성과 종성은 같은 소리임을 고려해 종성을 별도의 집합으로 분류하지 않았다. 초성과 같은 집합으로 보고 초성과 종성을 모두 자음으로 표현했다. 중복을 피한 것이다. 자음 23개 또한 집합의 원리가 잘 적용된 결과다. 한자음 표기를 목적으로 하되, 우리나라에서 불필요한 자음을 제거했다. 필요 없는 것과 중복된 것을 엄밀하게 빼고 나니 23개가 되었다. 소리의 분류에 집합론의 정의와 원리가 그대로 적용되었다.

소리의 분석, 소수와 합성수

모든 소리를 몇 개의 집합으로 분류한 세종들은 각 집합의 원소들을 분석했다. 분석의 목표는 분명하다. 기본 소리와 합성 소리로, 소리를 다시 구분하는 것이었다.

소리의 분석은 소수와 합성수의 구분과 완벽하게 일치한다. 소수란 2, 3, 5, 7과 같이 1과 자기 자신만으로 나눠지는 2 이상의 자연수다. 이에 반해 합성수는 1과 자기 자신 이외의 다른 수로도 나눠지는 수다. 다른 수란 곧 소수를 말한다. 10을 나누는 수는 1, 2, 5, 10이다. 2와 5라는 소수로도 나눠진다. 고로 10은 소수가 아니다. 이런 수를 소수에 의해 합성된 수라는 의미로 합성수라고 한다. 소수와 합성수로 구분해서 좋은 점은 소수만으로 모든 수를 다룰 수 있다는 것이다. 합성수는 소수를 활용해서 만들어내면 된다. 수를 분해해보면 소수인지 합성수인지 알게 된다. 수를 분해하는 작업을 소인수분해라고 한다.

세종들은 소리를 분해했다. 소인수분해를 하듯이 소리를 분해했다. 모든 소리를 다루지 않고, 기본 소리만 다루기 위해서였다. 불필요한 문자를 만들어내지 않기 위해서였다. 그 결과 세종들은 자음을 기본 소리와 기본 소리가 더 거세어지는 소리로 구분했다. 모음을 기본 소리와 기본 소리의 결합으로 만들어진 소리로 구분했다. 만들어야 할 문자의 개수를 대폭 줄인 쾌거였다.

한글에서 자음의 기본 소리는 ㄱ, ㄴ, ㅁ, ㅅ, ㅇ이다. 아음의 기본 소리인 ㄱ, 설음의 기본 소리인 ㄴ, 순음의 기본 소리인 ㅁ, 치음의 기본 소리인 ㅅ, 후음의 기본 소리인 ㅇ. 모음에도 기본 소리가 있다. 둥근 하늘을 표현한 •, 평평한 땅을 나타낸 ㅡ, 서 있는 사람 모양인 ㅣ이다. 자음과 모음 모두 8개의 기본 소리가 있다. 나머지 소리는 이 기본 소리에서 만들어진다. 8개의 기본 소리가 소수이고, 나머지 소리가 합성수에 해당한다.

소리 하나에 글자 하나씩, 함수

소리의 분석을 통해 기본 소리와 합성 소리를 얻었다. 새로운 문자를 만들기 위해 아주 중요한 능선을 넘은 것이다. 세종들은 이 소리들을 표현하는 문자를 각각 만들었다. 원칙은 문자 하나당 소리 하나다. 하나의 문자는 오직 하나의 소리만 표현한다. 영어의 a가 across, able, sand에서 다양한 소리를 표현하는 것과는 다르다. 문자 하나당 소리 하나이므로, 읽고 쓰기가 쉽다. 보이는 대로 읽고, 듣는 대로 쓰면 된다.

소리와 문자의 대응관계는 수학의 함수와 정확하게 일치한다. 소리와 문자의 관계는 일대일대응이다. 소리의 집합과 문자의 집

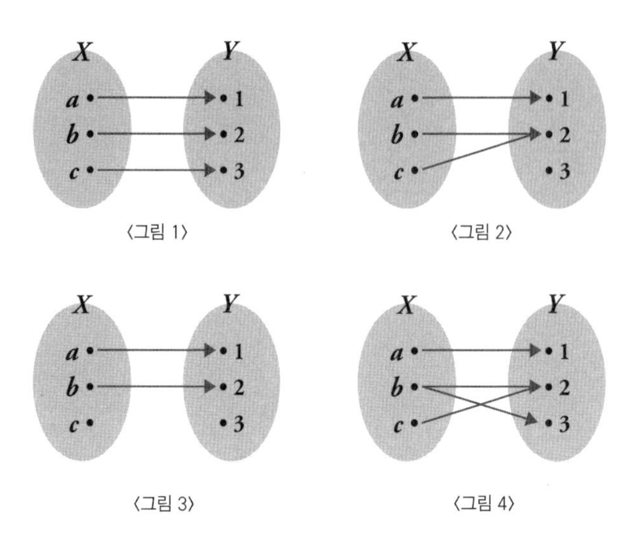

〈그림 1〉 〈그림 2〉

〈그림 3〉 〈그림 4〉

합이 있다. 소리의 집합에는 분석을 통해 얻어낸 소리들이 있고, 문자의 집합에는 창제된 한글의 알파벳이 원소로 있다. 두 집합의 원소는 하나씩 대응한다. 함수관계다.

〈그림 1〉과 〈그림 2〉는 함수다. 집합 X의 모든 원소가 집합 Y의 원소에 하나씩 대응한다. 그러나 〈그림 3〉과 〈그림 4〉의 대응관계는 다르다. 〈그림 3〉에서는 원소 c가 대응하지 않고, 〈그림 4〉에서는 원소 b가 집합 Y의 원소 2와 3에 대응한다. 함수가 아니다. 소리와 문자의 관계로 보자면, 〈그림 1〉과 〈그림 2〉는 소리 하나당 문자 하나씩 연결되어 있다. 〈그림 3〉은 소리 중 일부가 문자로 표현되지 않은 것이고, 〈그림 4〉는 어떤 소리가 2개의 문자로 표현된 것과 같다. 〈그림 3〉과 〈그림 4〉의 경우는 소리와 문자의 관계에서 적절

치 않다.

한글의 소리와 문자는 함수관계에 있다. 필요한 모든 소리는 서로 다른 문자를 갖고 있다. 문자화되지 않은 소리는 없다. 그리고 소리 하나는 문자 하나로 표현되어 있다. 일대일대응이다. 더욱 구체적으로 구분하자면 전단사함수다. 전단사함수란 두 집합의 원소 모두가 대응되면서 중복되지 않은 관계에 있는 함수다. 위의 그림 중 〈그림 1〉에 해당한다. 〈그림 2〉는 함수이지만 X의 모든 원소가 Y의 원소 하나에만 대응한다. 모든 소리가 하나의 문자로 표현되는 꼴이다. 실용적 문자로는 부적절하다.

한글은 소리와 문자를 전단사함수로 연결했다. 필요 없는 소리와 문자가 하나도 없다. 그리고 중복되지 않게 하나씩 대응했다. 소리가 다르면 문자도 다르다. 명확하게 구분되어 헷갈릴 염려가 전혀 없다. 부족하지도 않고, 흘러넘치지도 않는다. 딱 필요한 만큼만 존재한다.

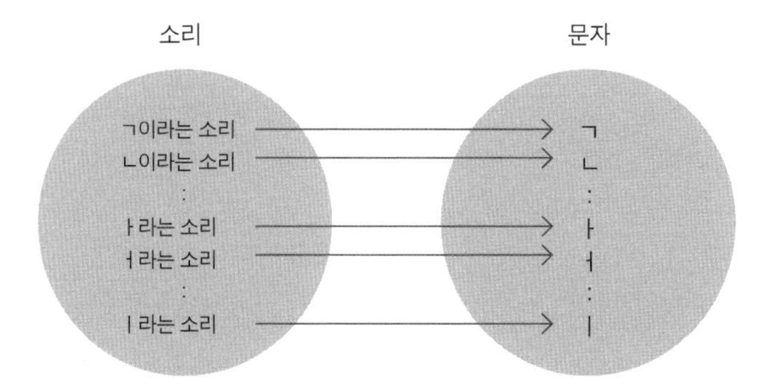

네모꼴 글자, 진법

한글은 초성, 중성, 종성이 모여 하나의 음절을 이룬다. 초성 하나만으로, 중성 하나만으로 음절 하나를 만들어내지 못한다. 영어는 그렇지 않다. 문자 하나만으로도 음절이 된다. able처럼 a 하나가 2개의 음절이 되는 경우도 있다. 한글은 그렇지 않다.

한글에서 음소와 음절은 명확하게 구분된다. 음소 하나만으로는 음절이 될 수 없다. 음소가 최소 2개는 모여야 음절 하나가 된다. 글자만 보면 몇 음절인가를 정확하게 알 수 있다. '다리미'는 6개의 음소로 된 3음절 단어다. '뷁'은 5개의 음소로 된 1음절이다. 다른 음절끼리는 구분된다.

모아쓰기는 음소와 음절의 관계를 잘 보여준다. 음소를 모아 하나의 음절을 만든다. 그런데 모아쓰기 원칙은 음절에만 한정되지 않는다. 음절로부터 단어, 문장에 이르기까지 일관되게 진행된다. 음소가 모여 음절이 되고, 음절이 모여 단어가 되고, 단어가 모여 문장이 된다. 그런 문장이 모여 단락이 된다. 처음부터 끝까지 모아쓰기의 원칙은 유지된다.

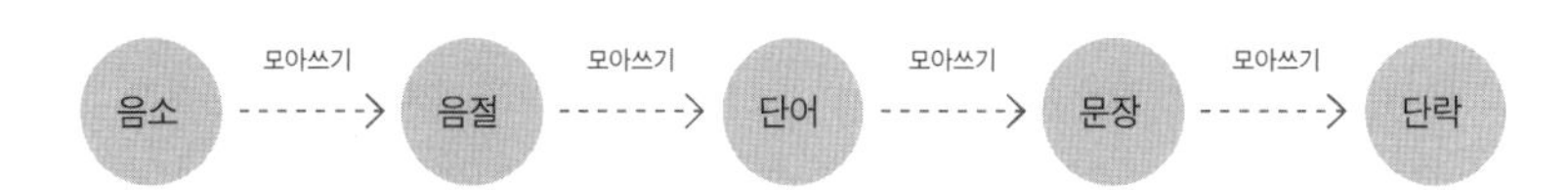

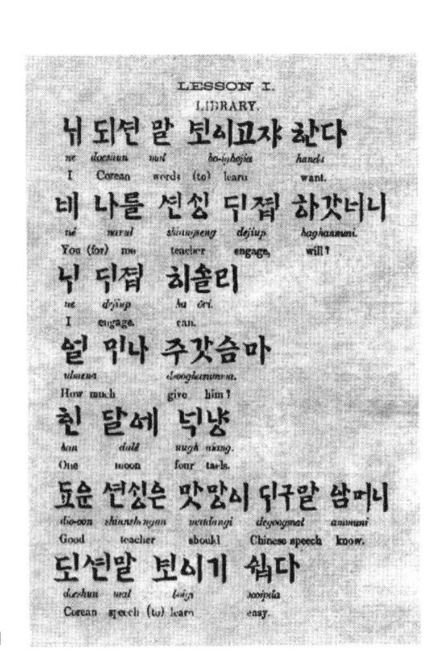
LESSON I.
LIBRARY.
I Corean words (to) learn want.
You (for) me teacher engage, will?
I engage. can.
How much give him?
One moon four taels.
Good teacher should Chinese speech know.
Corean speech (to) learn easy.

『Corean Primer(조선어 첫걸음)』

띄어쓰기는 모아쓰기의 원칙을 가시적으로 보여준다. 단어와 단어, 문장과 문장은 띄어쓰기를 통해 구분된다. 다른 음절이나 단어일 때는 띄어써줌으로써 구분해준다. 띄어쓰기가 한글 창제 때부터 시행된 것은 아니다. 기록으로 볼 때 띄어쓰기는 1877년에 영국인 목사 존 로스(1841~1915)가 쓴 『Corean Primer(조선어 첫걸음)』에서 처음 시행되었다. 그 후 《독립신문》과 조선어학회를 거쳐 본격적으로 자리 잡았다. 조선어학회는 1933년 띄어쓰기를 한글 맞춤법 통일안에 반영했다. 모아쓰기와 띄어쓰기를 통해 한글은 글자를 배치했다.

모아쓰기는 수학의 진법과 일맥상통한다. 진법이란 수를 셀 때 몇 개를 묶어서 큰 단위를 만드는 방법이다. 우리가 사용하는 아라비아 숫자는 10진법이다. 10개가 모이면 그 이전보다 큰 단위가 된다. 1이 10개 모이면 10, 10이 또 10개 모이면 100, 100이 10개 모이면 1,000 이런 식이다. 10진법의 자릿값은 그래서 일, 십, 백, 천, 만 이렇게 된다. 디지털 세계에서 사용되는 2진법은 2개가 모이면 큰 단위를 만든다. 1이 2개 모이면 2, 2가 2개 모이면 4, 4가 2개 모이면 8이다. 2진법의 자릿값은 1, 2, 4, 8, …… 이렇게 증가한다. 각 자릿값은 위치를 통해 구분된다. 진법은 단위와 위치의 차이를 통해서 수를 간단명료하게 표현하는 방법이다.

모아쓰기는 글자가 너무 길어지지 않고, 음절을 명확하게 구분하기 위한 방법이었다. 진법처럼 적절한 단위를 통해 소리를 구분하기 위해 채택되었다. 이 방법은 중국의 글자 원리와 같다.

모아쓰기가 꼭 장점으로만 작용하는 건 아니다. 음소 하나하나를 자유롭게 사용하지 못한다는 단점도 있다. 영어의 알파벳은 자유롭게 사용할 수 있다. 그러나 한글에서 음소는 음절로 모여야만 한다. 음소 자체가 하나의 소리를 만들지 못한다. 영어식 사용법에 익숙한 외국인들에게 한글이 다소 어렵게 느껴지는 이유이기도 하다.

모아쓰기는 글자의 모양에도 영향을 미친다. 영어는 알파벳 하나하나를 자유롭게 쓸 수 있기에 각 글자의 모양뿐만 아니라 단어의 모양까지도 자유롭다. 그렇지만 한글은 모아써야 했기에 각 글자는 선과 동그라미로 간결하게 표현됐다. 하나를 얻기 위해 다른 하나를 포기한 셈이다.

자음과 모음의 배치, 넓이와 둘레를 최소로!

모아쓰기를 채택한 한글은 글자의 모양에 각별한 신경을 써야 했다. 모아쓰기 했을 때 모양까지 고려해 글자를 디자인해야 했다. 음소를 어떻게 모아 음절을 만들 것인지, 음절 내에서 음소의 배치 문제를 고려해야 했다.

가장 단순한 모아쓰기는 가로나 세로로 붙여서 쓰는 방법이다. '한글'을 'ㅎㅏㄴㄱㅡㄹ'이라고 쓰는 것이다. 방향을 바꿔 세로로 쓰는 방법도 가능하다. 이때 'ㅎㅏㄴㄱㅡㄹ'처럼 가로로 붙여 쓰는 방법은 적절하지 않다. 음절과 음절의 구분이 모호해지기 때문이다. 이 경우는 제외하자.

자음과 모음을 어떻게 배치하여 하나의 음절을 만드는 게 좋을까? 이 문제는 배치의 문제이기도 하고, 자음과 모음의 모양 문제이기도 하다. 어떤 글자 모양이냐에 따라 배치가 달라지고, 어떤 배치냐에 따라서 글자의 모양 또한 달라진다. 문제를 단순화해 생각해보자. 일단 글자의 모양은 정해졌다고 가정하자. 그 글자의 배치만 고려하자. 자음과 모음을 어떻게 배치해야 모아쓰기에 적절한지만 따져보자.

자음과 모음의 배치 문제는 무엇인가? 초성, 중성, 종성이 모여 하나의 소리인 음절을 이루는 한글에 가장 적합한 배치를 찾는 것이다. 그것은 넓이는 같되 둘레의 길이는 최소가 되는 문제와 같다. 등적문제다. 왜 그런지 살펴보자.

하나의 음절을 이룰 글자 3개가 있다. 그 글자의 꼴은 두 가지 경우다. 자음과 모음의 글자꼴이 같은 경우와 다른 경우다. 여기서는 글자꼴이 정해져 있다고 가정했으므로, 한 가지 경우씩만 따져보겠다. 자음과 모음이 같은 경우는 글자꼴을 □, □, □로 하자. 다른 경우는 자음을 □로, 모음을 ▭로 하자. 각 경우마다 가능한 배치를 찾아보자. 수학적으로 설명하기 위해 정사각형 한 변의 길이를 2, 직사각형의 짧은 변의 길이를 1이라고 하자. 각 배치의 넓이와 둘레를 계산해보자.

조건1-초성, 중성, 종성 순으로 배치한다.

조건2-초성, 중성, 종성을 가로로 연속 붙이는 경우는 제외한다.

조건3-회전해서 같은 모양은 하나의 경우로 본다.

조건4-안정된 형태인 네모꼴로 배치한다.

1) 자음과 모음의 글자꼴이 같은 경우

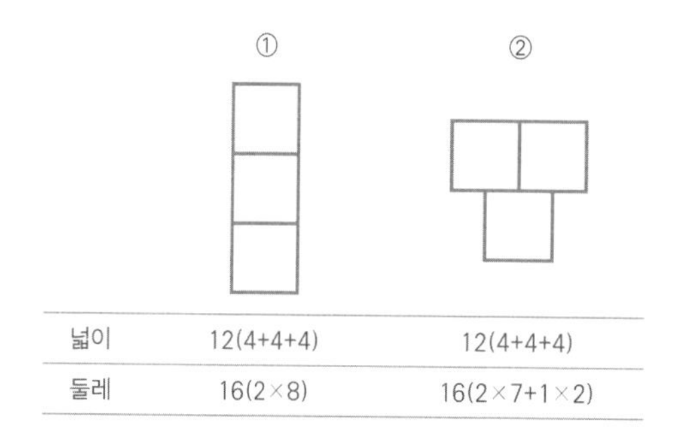

	①	②
넓이	12(4+4+4)	12(4+4+4)
둘레	16(2×8)	16(2×7+1×2)

2) 자음과 모음의 글자꼴이 다른 경우

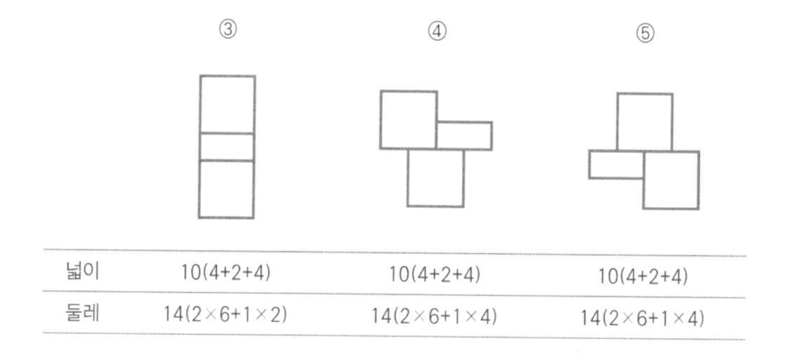

	③	④	⑤
넓이	10(4+2+4)	10(4+2+4)	10(4+2+4)
둘레	14(2×6+1×2)	14(2×6+1×4)	14(2×6+1×4)

각 경우마다 배치해봤다. ②를 회전하면 다양한 모양이 나온다. 어떤 배치에서건 자음과 모음 글자가 차지하는 전체 넓이는 같다. 글자꼴이 같은 경우는 모두 넓이가 12이고, 다른 경우의 넓이는 모두 10으로 같다. 그러나 둘레의 경우는 달라졌다. 글자꼴이 같은 경우는 같았지만, 글자꼴이 다른 경우는 배치에 따라 둘레가 달라졌다.

우리가 찾는 배치는 어떤 배치일까? 모아쓰기임을 표현해주면서 글자는 구분돼야 한다. 사용하기 편하려면 치우치거나 퍼지지 않아야 한다. 이 말을 수학으로 표현하면 둘레가 최소가 돼야 한다. 동일한 넓이를 갖되, 둘레가 최소가 되는 도형을 찾으면 된다. 등적문제가 되는 셈이다.

위 배치의 결과로만 보면, 자음과 모음이 모두 □꼴인 1)의 경우는 둘레가 모두 같다. 그런데 ①의 경우는 사용에 불편할 것이다. 1)의 경우라면 차라리 ②가 더 편리하다. 자음□꼴, 모음이 ▭꼴인 2)의 경우는 ③이 더 적당하다. 여기에서 다루지 않았지만 자음이 □꼴, 모음이 ▯꼴일 경우는 ③과 같은 배치의 둘레가 더 길어진다. 그 경우는 ④나 ⑤처럼 배치하는 게 둘레가 더 짧다. 이 결과는 실제 한글의 경우와 일치한다. 모음이 ㅡ계열일 경우는 ③, ㅣ계열일 경우는 ④의 배치를 따른다. 수학적 결과와 실제 경우가 일치한다.

등적문제는 수학에서 꽤 알려진 문제다. 그 문제의 답 또한 명확하게 제시되어 있다. 정답은 원이다. 다각형 중에서는 정사각형이다. 모아쓰기에 가장 적절한 꼴은 원 또는 정사각형이다. 그런데 정사각형과 원은 글자의 모양으로 볼 때 크게 차이 나지 않는다. 수학에서 원과 정사각형은 다른 도형이지만, 전체적인 꼴로 봤을 때 비슷하다.

한글의 글자꼴이 정사각형인 것은 등적문제의 답과 일치한다. 한글은 글자꼴이 정사각형이 되도록 자음과 모음의 모양을 디자인했다. 음절이 구분되고, 읽고 쓰기에도 좋다. 한자의 형태를 닮도록 한 의도도 있겠지만, 모아쓰기를 채택한 한글에 가장 최적화된 배치이기 때문이다.

음절의 꼴은, 최소 넓이의 도형으로

모아쓰기인 한글의 글자꼴은 정사각형이어야 했다. 음절의 전체적인 윤곽이 정해졌다면, 이제는 자음과 모음의 글자꼴을 생각해야 한다.

자음과 모음의 글자꼴에 대한 가능성은 두 가지다. 자음과 모음의 전체적인 꼴이 같거나, 자음과 모음의 글자꼴이 다른 경우다. 자음과 모음의 형태가 모두 같을 때 가능한 배치는 다음과 같다. 전체가 정사각형 꼴을 유지하면서, 하나를 3등분할 수 있는 경우를 생각해보면 된다.

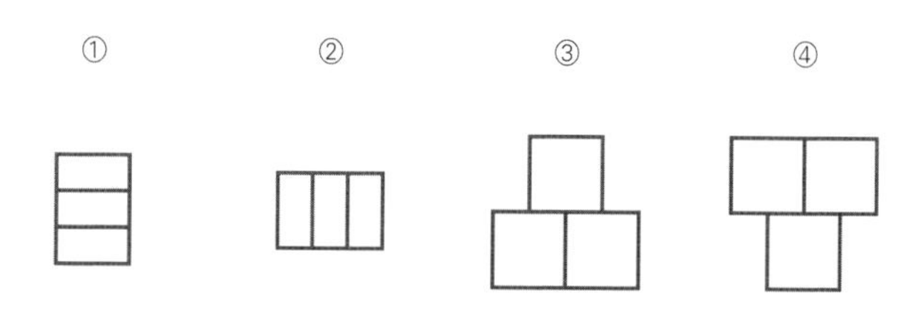

이 가운데서 ②는 일단 제외된다. 옆으로 나열되어 있어서 음절과 음절의 구분이 어렵다. ①, ③, ④는 음절끼리 구분되므로 고려의 대상이 된다. 그런데 조금만 더 생각해보면 ①, ③, ④ 역시 최적해는 아니다. 글자가 ①처럼 쓰인다면 글자가 모두 가로로 늘어져 있어서 구분하기가 쉽지 않을 것이다. 척 보고서 읽을 수 있을 정도로 눈에 들어오는 글자가 아니다.

③, ④의 경우는 음절끼리 구분도 되고, 자음과 모음의 글자를 구분 가능하게 디자인할 수 있어 보인다. 그러나 ③, ④처럼 될 경우 글자의 전체적인 크기가 커지게 된다. 아울러 자음과 모음의 꼴이 같아서, 자음과 모음의 구분이 어려울 수도 있다. 정리하자면 ①, ③, ④는 가능한 경우일 수는 있으나 최적의 경우는 아니다. 최적의 경우를 찾기 위해서는 조금 더 머리를 써야 한다.

자음과 모음의 꼴이 다를 경우도 세분하면 두 가지다. 자음의 글자꼴이 더 큰 경우와 모음의 글자꼴이 더 큰 경우다. 어느 경우가 더 적절한지 보기 위해 아주 단순한 경우만을 비교해보자.

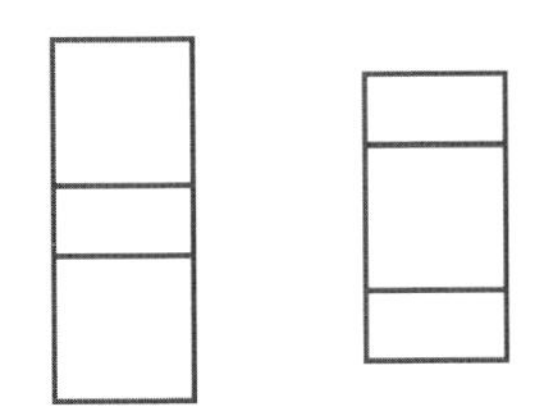

왼쪽은 자음이 더 큰 경우이고, 오른쪽은 모음이 더 큰 경우다. 어느 쪽이 더 적절해 보이는가? 조금만 사용해본다면 자음이 더 큰 게 적절하다는 걸 알 수 있다. 자음은 초성과 종성 두 군데서 사용된다. 더 자주 사용되므로 글자꼴이 더 큰 게 좋다. 구분 가능한 디자인을 만들어낼 여지가 더 크기 때문이다. 만약 모음이 더 크다면 구분하기 어려운 초성과 종성이 두 번이나 사용되므로 글자가 더 복잡해 보일 것이다. 자음과 모음의 글자꼴이 달라야 한다면, 자음의 글자꼴이 더 커야 한다. 그래야 더욱 구분하기 수월한 작은 정사각형 꼴이 가능하다. 자음의 글자꼴이 더 큰 것은 중국뿐만 아니라 다른 문자에서 자음이 더 중요시되었다는 점과도 연결된다.

정리해보자. 자음의 글자꼴이 더 크면서, 음절이 구분 가능하고, 전체가 정사각형 꼴을 이루는 글자의 배치는 어떻게 될까?

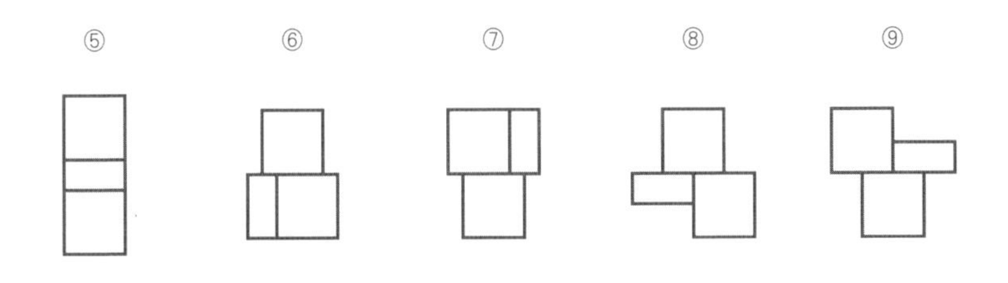

위 경우 중에서 ⑧과 ⑨는 나머지 글자보다 글자가 더 커진다. 안정감도 더 떨어지는 느낌이다. 실제 한글은 ⑤와 ⑦의 배치를 채택했다. ⑥도 가능하지만 자음과 모음이 결합한다는 소리의 원리를 ⑦이 더 잘 보여주고 있지 않은가! 또 종성이 없는 경우도 있기에 ⑥보다는 ⑦이 더 적당하다.

자음과 모음의 글자꼴을 찾는 문제는 음절의 글자꼴 넓이가 최소가 되는 정사각형을 만드는 문제와 같다. 구분 가능한 음절이 되어야 한다는 조건하에서 넓이가 가장 작은 정사각형이 되도록, 자음과 모음의 글자꼴을 만들어내면 된다. 그 결과가 정사각형 꼴인 자음, 직사각형 꼴인 모음이었다.

간단하면서도 구분 가능한 글자, 기하학적 도형과 대칭

자음과 모음의 글자꼴이 대강 결정되었다. 자음은 정사각형 또는 폭이 더 넓은 직사각형 모양이다. 모음은 자음보다 폭이 더 좁은 직사각형이다. 꼴을 통해서도 자음과 모음은 구분 가능하다.

글자꼴을 보라. 모아쓰기를 하는 한글은 자음과 모음의 글자 모양을 다양하게 디자인하기 어렵다. 공간적인 여유가 없어서다. 모음은 더욱 그렇다. 게다가 세종들은 가급적 간단한 모양을 취하고자 했을 것이다. 복잡할수록 사용하기가 어렵기 때문이다.

자음과 모음은 어떤 모양이어야 할까? 한자처럼 획수가 많고 복잡할 수는 없다. 구부러지고 휘는 모양 또한 적절하지 않다. 쓰기에도, 보기에도 불편하고 그럴 만큼의 글자 크기가 되지 않았다.

글자의 모양은 기하학적 모양이 제격이었다. 간결하다는 점, 구분 가능하다는 점, 모아쓰기를 하더라도 글자가 복잡하거나 커져서도 안 된다는 점을 고려할 때 남는 건 기하학적 모양뿐이다.

기하학적 모양은 고도로 추상화된 모양이다. 굽고 휘어진 부분을 무시하고 남는 마지막 모양이다. 그만큼 간결하고 명확하다. 수학에서 도형이 직선과 원을 위주로 한다는 점과도 일맥상통한다. 가장 추상적인 학문인 수학에 가장 잘 어울리는 모양이다.

직선과 원, 이것이 한글의 모양을 구성하는 주요 성분이다. 가장 추상적인 디자인이다. 간결성과 효율성을 강조하는 한글의 목적에 안성맞춤이다. 철저히 수학적인 원리와 효율성을 추구한 한글은 직선과 원을 채택할 수밖에 없었다. 특히 모음은 그 디자인에서 최고의 간결함을 지녀야 했다. 최소의 공간을 사용해야 했기 때문이다. 그래서 모음은 직선과 점이라는 가장 간결한 요소만으로 표현됐다.

기하학적 모양으로 글자를 만들어야 했기에 한글은 대칭의 원리를 철저하게 사용했다. ㄷ, ㄹ, ㅁ, ㅂ, ㅇ, ㅌ, ㅍ, ㅎ 같은 글자는 모양 자체가 대칭적이다. 모음은 직선을 기준으로 하여 완전히 대칭을 이루고 있다. ㅏ:ㅓ, ㅗ:ㅜ, ㅑ:ㅕ, ㅛ:ㅠ 등은 직선을 중심으로 완전한 대칭이다. 구분하기 수월하고 사용하기도 쉽다.

이어지는 더 큰 의문들

나는 우연한 기회를 통해 한글을 깊이 품어보았다. 한글에 대한 논쟁을 접하면서 의문을 갖게 되었고, 그 의문을 따라 즐겁게 공부했다. 그 와중에 연역적 체계를 발견하게 되었고, 그 체계에 입각해서 한글에 대한 의문에 접근해봤다.

나는 한글과 세종들을 '달리' 그리고 '다시' 보게 되었다. 한글과 세종들은 역시 대단했다. 세종들은 그들의 의도에 100% 적합한 새 문자를 만들어내고야 말았다. 세종들은 다른 문자의 장단점을 취하되 한글만의 독창적이면서도 정교한 체계를 만들어냈다. 한글은 군더더기 없이 말끔하고, 정교하면서도 쉽다. 그런 한글을 오늘도 내가 사용한다는 사실에 새삼 감사하다.

이제 나는 한글 탐구를 이쯤에서 일단락하고자 한다. 모든 의문이 풀려서가 아니라, 여기까지가 지금 내가 할 수 있는 최대치인 것 같아서다. 그렇지만 더 궁금하고, 더 탐구해보고 싶은 의문은 여전히 남아 있다. 그런 의문을 따라 다시금 여행길에 오를 때가 있어도 좋겠다 싶다. 특히 궁금한 점 세 가지를 나눠보고자 한다.

1. 한글, 왜 만들었을까?

연역적 체계를 통해서 한글을 보고나서도 여전히 남는 의문점이다. 한글의 이모저모를 살펴봤을 때 '한글은 자기 뜻을 펼치지 못하는 백성을 위해서 만들었다'는 명제는 그렇게 명료하지 않다. 명제를 입증해줄 만한 사실 중 빠져 있는 게 있을 뿐만 아니라 다른 명제를 떠올리게 하는 사실이 있기 때문이다.

백성을 위해 만들었다면 응당 백성들의 말소리를 수집하는 과정이 있어야 했다. 백성의 말소리는 분명 궁궐의 말소리와도, 한자음과도 달랐을 것이기에 수집했어야 했다. 그런데 그 과정은 없었다. 게다가 한글의 소리는 당대 우리 말소리와 일치하지 않는다. 한자음만을 위한 글자도 있었다. 심지어는 당대 말소리 중 한글에는 빠져 있는 소리가 있다는 지적도 있다.

이런 불일치는, 한글이 백성을 위한 문자였다는 명제를 다시 생각해보게 한다. 어쨌거나 그 명제가 타당성을 얻으려면, 적어도 이런 불일치를 설명해내야 한다. 그게 아니라면 열린 자세로 다른 주장을 들여다볼 필요가 있다.

그런 점에서 한자의 발음기호설은 눈에 띈다. 한글을 만든 이유가 한자의 발음을 적기 위해서였다는 주장 말이다. 한글이 소리글자라거나, 한글의 소리가 한자음 표기를 위한 소리와 일치한다거나, 한자음만을 위한 글자가 있다는 것 등은 발음기호설에 힘을 실어주는 데이터다.

한자음을 정확하게 아는 건 분명 필요했다. 중국과 조선의 역학 관계를 고려하면 한자음 문제는 매우 민감한 사안이었을 것이다. 그런데 조선 초기에 조선의 한자음과 중국의 한자음에는 차이가 많았다. 그 차이를 없애기 위해서는 한자의 정확한 발음을 공유할 기호가 필요했다. 발음기호설은 한글이 그 역할을 했다고 주장한다.

『훈민정음』의 편찬자들 대부분이 한자음을 바로잡기 위한 책이었던 『동국정운』의 편찬자였다는 점도 발음기호설과 연관 지을 수 있다. 한글 창제 후 세종이 지시한 첫 작업이 중국의 음운학 책을 번역하는 것, 한글 창제 후인 1445년 1월에는 신하들로 하여금 요동에 유배 중인 명나라 사람을 찾아가 정확한 한자음을 물어 알아내도록 했다는 것도 한자음에 대한 세종의 지대한 관심을 보여준다.

세종이 직접 쓴 『훈민정음』의 서문도 발음기호설과 관련지을 수 있다. 세종은 서문에서 '나라의 말이 중국과 달라 한자와 통하지 않는다'고 했다. 세종은 한글을 만든 이유가, 조선의 글자가 없다거나, 한자가 어려워서라고 말하지 않았다. 조선의 말이 중국과 다르다는 점을 가장 먼저 지적했다. 그게 무슨 뜻일까? 한자음이 서로 다르다고 해석해도 말이 안 되는 건 아니다.

한글을 만든 이유와 목적은 분명히 있었다. 그렇지 않고서 그토록 정교한 한글을 만들어내기는 어렵다. 그 필요성이 무엇이었는지 우리는 좀 더 면밀하게 살펴봐야 한다. 한자와 한글의 관계를 포함해 한글의 창제 목적과 한글의 발전 과정을 재조명할 필요가 있다. 그래서 여전히 의문스럽다. 세종들은 왜 한글을 만들어낼 수밖에 없었을까?

2. 세종들은 어떻게 연역적 체계를 고안할 수 있었나?

세종들은 어떻게 연역적 체계를 고안할 수 있었을까? 가장 크게 남는 의문이자 신비다. 세종들은 이 체계를 어설프게 설계하지 않았다. 한글의 시작에서 마무리까지 이 체계를 전면적으로 활용했다. 그런 전통이 전혀 없던 곳에서 어떻게 그토록 완벽한 체계를 구축해낼 수 있었을까?

세종들이 이 체계를 알았는지 몰랐는지부터가 의문이다. 알았다면 언제 어떻게 알게 되었는지, 몰랐다면 창제 과정 어디쯤에서 이 체계를 고안해냈는지 정말 궁금하다.

내가 아는 바, 세종들 이전에 한글만큼 완벽한 연역적 체계로 설계된 작품이나 책은 없다. 물론 세종들은 책을 만들어낸 경험이 풍부하다. 그런데 『훈민정음』 이전 책들은 연역적 체계가 아니다. 대부분이 일정한 기준에 따라 전체를 몇 개로 분류하고, 각 부분에 해당하는 내용을 싣는 방식이었다.

나는 이 문제를 두고 많은 고민과 상상을 해봤다. 나름대로, 조사도 해보았다. 연역적 체계가 창제 과정의 산물이었다고 할지라도, 세종들에게 영감을 넣어준 사건이나 계기는 분명 있었을 것 같았다. 그게 뭐였을지 짐작이라도 해보고 싶었다. 그런데 조사를 하자니 조사해야 할 대상이 너무 방대해 엄두가 나지 않았다. 세종 당대뿐만 아니라 그 이전의 학문적 세계를 샅샅이 뒤져야 할 일이었다.

그래도 세종들에게 영감으로 다가갔을 수도 있겠다고 생각한 것 하나를 발견했다. 연역적 체계를 압축했다고 볼 수 있는 기호였다. 그것은 성리학의 팔괘도였다.

팔괘도는 태극(太極)에서 양의(兩儀)를, 양의에서 사상(四象)을, 사상에서 팔괘(八卦)를 이끌어낸다. 그 과정은 철저하게 규칙적이다. 연역적 체계와 아주 유사하다. 세종들이 이 팔괘도의 아이디어

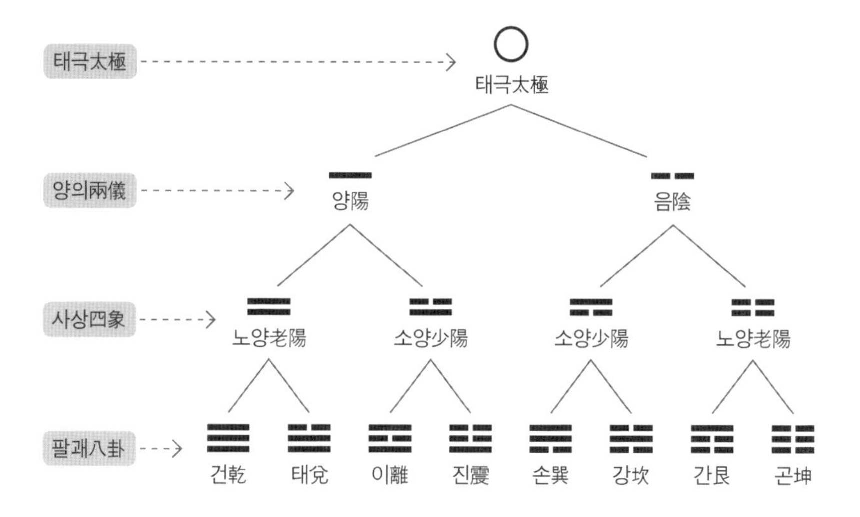

를 응용한다면 연역적 체계를 충분히 구성해낼 수도 있었겠다 싶었다. 성리학에 조예가 깊었던 세종들은, 성리학의 한 부분인 팔괘도를 잘 알았을 것이다. 잘만 한다면 그 원리를 한글에 적용할 수 있었겠다고 상상의 나래를 펼쳐봤다.

세종들과 연역적 체계의 관계는 여전히 미지수다. 한글과 연역적 체계의 관계를 인정한다면, 세종들을 연역적 체계라는 관점에서 당대의 상황을 파고 들어가보는 것도 흥미로운 주제다. 이 궁금증을 해소해줄 기회가 꼭 다가오기를 희망해본다.

3. 이 글의 추론과 실제 창제 과정의 관계

이 글의 추론은 역사적 과정을 기반으로 하지는 않았다. 한글의 체계와 몇 가지 역사적 상황을 결합한 논리적 추론이다. 그렇기에 이 추론이 실제 창제 과정과 일치하는지에 대해서는 나 스스로도 의문이다.

그러나 논리적 추론이기 때문에 실제와는 무관하다는 뜻은 아니다. 단지 실제로 그랬다고 말하기에는 데이터가 부족하다는 뜻이다. 신뢰할 만한 결론은, 신뢰할 만한 데이터가 충분할 때에야 비로소 가능하다. 추가적인 데이터가 더 나오기를 바랄 뿐이다. 데이터가 추가될수록 한글에 대한 우리의 추론은 더 정밀해질 것이다. 그러면서 우리는 세종들의 움직임에 한걸음 더 다가갈 수 있다. 세종들은 어떤 방식으로 결합하여 움직이면서, 부딪치는 문제들을 곱이곱이 넘어섰을까? 상상하고 추론해보는 것만으로도 가슴이 뛴다.